Axel Gutjahr

ZWERGHÜHNER

Ideale Tiere für jeden Garten

Land & WERKEN

HEEL

HEEL Verlag GmbH
Gut Pottscheidt
53639 Königswinter
Tel.: 02223 9230-0
Fax: 02223 9230-13
E-Mail: info@heel-verlag.de
www.heel-verlag.de

Autor: Axel Gutjahr
Satz und Gestaltung: gb-s Mediendesign, Königswinter
Coverdesign: Axel Mertens, Königswinter
Lektorat: Helge Wittkopp

Fotos:
© Cornelia Gutjahr: S. 4, S. 5, S. 23 u l, S. 23 u r, S. 24 u, S. 31, S. 58 M, S. 59 o, S. 63
© Ina Müller: S. 23 o l, S. 23 o M, S. 23 r
© stock.adobe.com: Maya Kruchancova (U1 o, S. 35 u), Natalya (U1 u), Lilifox (U4 l o, S. 73), nuinuii (U4 l M, S. 34), Adamov (U4 l u, S. 43 o), Adam Ján Figeľ (U 4 u M, S. 42 o.), erika_mondlova (U4 u r, S. 64), Patricia (S. 7), Martin Grimm (S. 8), Narupon (S. 9), cs333 (S. 16), andrii77 (S. 17), gugschdu (S. 18), Nueng (S. 21), MARIMA (S. 25 o), Andrea (S. 27, S. 41 u), Robert Biedermann (S. 28 o), agrarmotive (S. 28 u), anuwat (S. 29 o), sherjaca (S. 29 u), John (S. 30 o), Photo Gallery (S. 32), lozt (S. 38), ZIHE (S. 40 o), goldenelephant (S. 40 u), vivoo (S. 39 o) kathy libby (S. 41 o), Gennadiy Poznyakov (S. 42 u), glebchik (S. 44 o), Pavel Klimenko (S. 45 o), Natalia (S. 45 u), Ruckszio (S. 46 o), Илья Подоприroров (S. 51), antpkr (S. 55 u), Alexandru (S. 56), teamfoto (S. 58 o), Huna (S. 58 u), Jean Kobben (S. 59 u), bobdapaloma (S. 60), thanamat (S. 61), Brandy McKnight (S. 62 o), Joe (S. 62 u), eloko67 (S. 65 l), Emma (S. 65 r), nittaya (S. 66), Erni (S. 67, S. 72, S. 75, S. 77), dennisvdwater (S. 68), pipapur (S. 69), bennytrapp (S. 70), nkarol (S. 71), Martina Berg (S. 74), pixs:sell (S. 76), Lumatis (S. 78), Cornelia Pithart (S. 79 o), Marlene (S. 79 u)
© juniors.wg.picturemaxx.com: Avalon (S. 12 u), Biosphoto (S. 48 o), Born, S. (S. 18 o), Delpho, G. (S. 46 u, S. 48 u), Diez, O. (S. 24 o r), Giel, O. (S. 12 o, S. 14 u, S. 22, S. 25 u, S. 26, S.35 o, S. 49, S. 50, S.55 o), Grebler, M. (S. 47), Hölzl, R. (S. 11, S. 16 u l, S. 33), J.-L. Klein & M.-L. Hubert (S. 10, S. 12 M, S. 14 o, S. 15 l, S. 15 r o, S. 15 r M, S. 16 u M, S. 16 u r, S. 19, S. 30 u, S. 37, S. 43 u, S. 44 u), Lacz, G. (S. 24 o l), Lane, M. (S. 57)

Zeichnungen:
© Olaf Schumacher: S. 1–79 Fußzeilen
© Benno Müller: S. 20, S. 36, S. 39 u, S. 54

Printed in Slovakia

ISBN: 978-3-96664-129-6

INHALT

WARUM ZWERGHÜHNER?

Sie besitzen einen kleinen bis mittelgroßen Hausgarten und möchten in diesem gern Nutztiere halten? Vielleicht überlegen Sie noch, welche Tiere sich dafür am besten eignen? Wie wäre es mit einer jener Geflügelrassen, die landläufig als Zwerghühner bezeichnet werden? Diese kleinen Racker weisen mehrere Vorteile auf: So benötigen sie bei weitem nicht die Grundfläche, die für Hühner der großen Rassen oder gar für Ziegen und Schafe erforderlich wäre. Ebenso ist kein Teich notwendig, der beispielsweise für die Haltung von Gänsen und Enten eine Grundvoraussetzung darstellt.

Mit der nötigen Geduld können Sie die meisten Zwerghühner sogar zähmen, sodass sie sich streicheln und auf den Arm nehmen lassen. Besonders leicht erweist sich die Zähmung von Küken, die das Licht der Welt in einem Brutapparat erblickten. Für solche Küken stellen Menschen dann eine Art Ersatzglucke dar. Und da Liebe bekanntlich auch durch den Magen geht, lässt sich der Zähmungsprozess beschleunigen, indem man den Küken des Öfteren Futter auf der flachen Hand anbietet. Dabei sollte man hektische Bewegungen vermeiden und die Küken mit ruhiger leiser Stimme ansprechen. Außerdem kann man sie vorsichtig mit ein oder zwei Fingern berühren und später sanft über den Rücken streichen. Allerdings dürfen die Küken auch nicht überfordert werden, indem sie stundenlang mit Streicheleinheiten überfrachtet werden. Stattdessen benötigen die kleinen Kerlchen – ähnlich wie menschliche Säuglinge – Phasen in denen sie sich sowohl ausruhen als auch mit ihren Geschwistern interagieren können.

Es soll nicht unerwähnt bleiben, dass Zwerghühner zwei Eigenschaften aufweisen, die von manchen Menschen als nachteilig angesehen werden: Zum einen sind ihre Eier kleiner und leichter als die der Großrassen und zum anderen scharren die meisten „Zwerge“ relativ oft im Erdreich. Dadurch können Schädigungen in der Grasnarbe entstehen. Diese beiden Nachteile „verschmerzen“ allerdings echte Zwerghühner-Fans ganz locker. Stattdessen ist es für sie immer wieder eine Freude, wenn eine kleine Schar Zwerghühner herumstolziert und dadurch viel „Leben“ in die Gartenlandschaft bringt.

Hühnereier im Vergleich. Links von einer Normal- und rechts von einer Zwergrasse.

AUSDAUER IST GEFRAGT

Bevor Zwerghühner oder generell Haustiere einziehen, sollte man sich darüber im Klaren sein, dass damit dauerhafte Pflichten verbunden sind.

Bei der Haltung von Zwerghühnern fallen mehr oder weniger periodisch wiederkehrende Pflege- und Wartungsarbeiten an, zu denen beispielsweise die Fütterung, die Futterbeschaffung sowie die Stallreinigung gehören.

Die meisten zukünftigen Halter bringen auch die Bereitschaft und den Willen auf, die erforderlichen Arbeiten gewissenhaft zu erledigen. Allerdings wird bei der anfänglichen Planung oft nicht an außergewöhnliche Situationen gedacht: Wer übernimmt beispielsweise die Betreuung der Zwerghühner, wenn der Halter aufgrund einer länger andauernden Krankheit dazu nicht in der Lage ist?

Ähnliche Überlegungen sind anzustellen, bevor eine Urlaubsreise ansteht. Häufig nehmen alle Familienmitglieder, die sich um die Zwerghühner kümmern könnten, an der Reise teil. Deshalb sollte man schon im Vorfeld mit in der Nähe wohnenden Verwandten, Nachbarn, Freunden oder Arbeitskollegen sprechen, ob sie bereit sind, sich während dieser Zeit um die Zwerghühner zu kümmern. Falls die betreffenden Personen über keine oder nur geringe Erfahrungen im Umgang mit Hühnern verfügen, sollten sie diesbezüglich sowohl theoretisch als auch praktisch detailliert eingewiesen werden.

Vor der Erstanschaffung von Zwerghühnern ist zumeist bei allen Familienmitgliedern eine große Begeisterung vorhanden. Oftmals möchte sich die gesamte Familie an der künftigen Pflege und Wartung beteiligen. Dagegen ist auch absolut nichts einzuwenden und deshalb sollte man die Vorfreude auf die Tiere keinesfalls drosseln.

Allerdings ist es ratsam, dass sich die Familie im Vorfeld zusammensetzt und klärt, wer welche Aufgaben übernimmt. Das hat den Vorteil, dass man die erforderlichen Arbeiten nicht doppelt oder gar dreifach durchführt, denn dadurch könnten Stresssituationen bei den Zwerghühnern hervorgerufen werden. Das wäre beispielsweise der Fall, wenn Mehrfacharbeiten während der Ruhephasen erfolgen und somit keine ausreichende Regenerierung für die Tiere möglich ist.

Oftmals möchten sich alle Familienmitglieder an der Pflege der Zwerghühner beteiligen

ALLE HABEN SÜDOSTASIATISCHE WURZELN

Am Anfang stand das Bankiva-Huhn

Sowohl sämtliche großen Haushuhnrassen als auch alle „Zwerge“ stammen vom Bankiva-Huhn, *Gallus gallus*, ab, das zur Familie der Fasanenartigen, *Phasianidae*, gehört.

Das ursprüngliche Verbreitungsgebiet dieser Tiere erstreckte sich von Indien und Südchina bis zum Malaiischen Archipel, wo vor allem dichte Urwälder besiedelt wurden. Außerdem wurden Bankiva-Hühner auf den Philippinen und mehreren pazifischen Inseln ausgesetzt.

Die bis 1300 g schweren Bankiva-Hähne besitzen ein äußerst prächtiges Gefieder mit einem ausgeprägten goldfarbigen Halsbehang (Halsfedern) und sichelartig gebogenen Schwanzfedern. Ihre leuchtend roten Kämme sind sehr großflächig und am Rand gezackt. Genau wie die Kämme weisen auch die Kehllappen eine leuchtend rote Färbung auf.

Im Unterschied zu den Hähnen zeigt der größte Teil des Gefieders der bis 750 g schweren Bankiva-Hennen eine schlichte mittelbraune Färbung und ihr gelblicher Halsbehang ist deutlich kürzer und hat nicht dieselbe Leuchtkraft. Außerdem sind die Kämme und Kehllappen bei den Hennen nur rudimentär vorhanden.

Die tagaktiven Bankiva-Hühner leben in Scharen, die aus 15–40 Exemplaren bestehen. In diesen Scharen überwiegt der Hennen-Anteil deutlich, was jedoch nicht

bedeutet, dass darin stets nur ein erwachsener Hahn integriert ist. Damit dauerhafte Konflikte zwischen den einzelnen Individuen weitgehend vermieden werden, herrscht eine strenge Hierarchie in den Scharen.

Die Nahrung der Bankiva-Hühner, welche vorwiegend vom Waldboden aufgenommen wird, setzt sich vorwiegend aus Sämereien, Würmern, Insekten und Spinnen zusammen.

Während der trockenen Jahreszeit, die in Abhängigkeit von den jeweiligen Siedlungsgebieten der Bankiva-Hühner variiert, findet die Vermehrung statt. Hierzu bauen die Hennen zunächst Nester aus pflanzlichen Materialien, die sich zumeist gut versteckt am Boden oder in niedrigen Bambusbeständen befinden. Dagegen fungieren Bäumen nur selten als Plätze für den Nestbau. Anschließend wird das aus 4–12 (meist 5–7) beige-, weiß-, gelb- oder rotbraunschaligen Eiern bestehende Gelege im Nest deponiert. Nach einer Brutdauer von zweieinhalb bis drei Wochen schlüpfen die Küken aus den Eiern, bei denen es sich um typische Nestflüchter handelt. Sie besitzen bereits beim Schlupf ein Daunengefieder und folgen der Mutter schon nach wenigen Minuten überall hin. Ab ihrem 7.–8. Lebenstag sind die Bankiva-Jungen in der Lage, einige Meter zu fliegen.

Wann genau die Menschen in Südostasien begannen, die ersten Bankiva-Hühner zu fangen, um daraus allmählich Haushühner zu züchten, wird bisher kontrovers diskutiert. Während manche Wissenschaftler schätzen, dass dies vor etwa 4000 Jahren geschah, gehen andere von 7000–8000 Jahren aus. Die letztgenannten Zahlen stützen sich vor allem darauf, dass die ältesten europäischen Haushühnerfunde auf ein Alter von rund 3500 Jahren datiert werden können. Von Südostasien gelangten die Haushühner vermutlich über die sogenannte Seidenstraße nach Zentral- und Westasien und von dort wurden sie von den Römern nach Europa gebracht.

Bankiva-Henne

Echte und unechte Zwerge

Während umgangssprachlich fast nur von Zwerghühnern gesprochen wird, unterscheiden Fachleute zumeist zwischen Zwergrassen und Zwergformen. Bei den Letztgenannten handelt es sich sozusagen um Miniaturausgaben von Großrassen.

Beispielsweise wurden die Zwerg-Vorwerkhühner teilweise aus „normalgroßen" Vorwerkhühnern und die Zwerg-Brahmas aus Brahmas gezüchtet. Der Großteil dieser Zwerg-Züchtungen erfolgte zwischen 1880 und 1950. Danach fand die „Zwergen-Züchtung" aber noch kein Ende. Stattdessen präsentieren Geflügelliebhaber auch in der jüngeren Vergangenheit immer wieder einmal eine Neuzüchtung. Deshalb verwundert es kaum, dass es inzwischen deutlich mehr Zwergformen als -rassen gibt.

Im Unterschied zu den Zwergformen existieren von den Zwergrassen keine Großformen. Deshalb werden diese „echten" oder „eigentlichen" Zwerge auch als Urzwerge bezeichnet. Zu ihnen gehören beispielsweise die sehr beliebten Bantams.

Die Chabos, hier ein prächtiger Hahn, sind typische Urzwerge

Zu den rassetypischen Merkmalen gehören beispielsweise gute Muttereigenschaften

Rassig mit großer Farben- und Zeichnungsvielfalt

Während der Begriff der Rasse in der zoologischen Taxonomie als umstritten gilt, ist er im züchterischen Sprachgebrauch kaum wegzudenken. So sehen die Züchter die Rasse als einen Unterbegriff der Art an, welcher in der Botanik der Sorte entspricht. In einer Rasse sind Tiere zusammengefasst, die sich von anderen Rassen durch gemeinsame Merkmale, wie etwa Körperform, Körpergröße und/oder Verhaltensweisen (wie beispielsweise ruhiges Wesen, gute Muttereigenschaften oder Krähfreudigkeit) unterscheiden.

Um die rassetypischen Eigenschaften zu erhalten, werden nur Vertreter einer Rasse miteinander verpaart. Findet dagegen eine Verpaarung von zwei Rassen statt, bezeichnet man die daraus hervorgehenden Nachkommen als Hybriden.

Bei vielen Hühnerrassen trifft man auf Tiere mit unterschiedlicher Gefiederfärbung beziehungsweise unterschiedlich gezeichnetem Gefieder. Diese Tiere bezeichnet man dann als Farbschläge der Rasse xy. So existieren beispielsweise von den sehr beliebten Federfüßigen Zwerghühnern rund 30 Farbschläge, deren Palette sich unter anderem von den Unifarben Gelb, Rot, Schwarz und Weiß, über Gold-Porzellanfarbig, Zitronen-Porzellanfarbig, Gelb-Schwarz-Colum-

Sowohl bei den Zwerg- als auch normal großen Hühnern wurden zahlreiche Farb- und Zeichnungsvarianten herausgezüchtet

bia, Blau-Goldhalsig, Silberhalsig, Orangebrüstig bis zu Gelb mit weißen Tupfen und Perlgrau mit weißen Tupfen erstreckt.

Bei diesen Farbbezeichnungen, die ebenfalls dem züchterischen Sprachgebrauch entlehnt sind, sollte man sich nicht irritieren lassen. So handelt es sich beispielsweise bei Rot nicht um eine an Tomaten erinnernde Färbung, sondern um ein helles Rotbraun. Analog verhält es sich mit dem Farbschlag Blau. Das ist kein kräftiges Königsblau, sondern eine blaugraue bis schiefergraue Färbung.

Die folgende Tabelle gibt einen kleinen Überblick darüber, wie die wichtigsten Färbungen und Zeichnungsmuster im Züchterjargon genannt werden:

Färbungen/ Zeichnungsmuster	Erklärung
Birkenfarbig	Diese Exemplare haben eine schwarze Grundfärbung mit weiß-schwarzen Zeichnungen an Kopf, Hals und Schwanz.
Columbia	Columbia ist im Wesentlichen die Umkehrvariante von Birkenfarbig. Diese Hühner haben eine weiße Grundfärbung mit schwarz-weißen Zeichnungen an Hals, Kopf und Schwanz.
Flockenzeichnung oder Flockung	Auf dem Brust-, Rücken- und Schultergefieder befinden sich auffällige Farbflecken.
Gesäumt	Ein Großteil der Feder wird von einem andersfarbigen Saum umgeben. Beispielsweise bedeutet „Blau-gesäumt", dass die andersfarbigen Federn von einem blauen Saum umgeben sind. Mitunter ist die andere Farbe auch schon in der Schlagbezeichnung enthalten, wie etwa bei Gold-Schwarzgesäumt. Diese Tiere haben goldgelbe Federn mit schwarzen Rändern.
Gesperbert	Auf dem schwarzem Grundgefieder ist eine helle Bänderung vorhanden. Allerdings darf diese nicht scharf abgegrenzt sein, sondern muss „verwaschen" wirken, indem die hellen und die dunklen Randbereiche fließend ineinander übergehen.
Gestreift	Gestreift kann man in gewisser Weise als „Nobelvariante" von Gesperbert ansehen. Die beiden Farbbereiche sind scharf voneinander abgegrenzt, sodass das Streifenmuster, das eigentlich auch bei gesperberten Exemplaren vorhanden ist, wesentlich deutlicher zu Tage tritt.
Goldhalsig	Das Hals- und Schultergefieder hat eine mehr oder weniger goldgelbe Färbung und wird von dünnen dunklen Streifen durchzogen.
Kennfarbig	Rötlich-gelbe Grundfärbung
Lackung	Die Lackung ist eine Variante im Gefieder porzellanfarbiger Hühner (siehe dort). Bei dieser Zeichnung ist in dem rundlichen Fleck keine Perle vorhanden.
Lakenfelderfarbig	Ähnlich wie der Farbschlag Columbia. Allerdings ist die Kopf-Hals-Befiederung völlig schwarz und die Schwanzfedern enthalten ebenfalls einen sehr hohen Schwarzanteil.
Porzellanfarbig	Die Federn haben eine gelbbraune Grundfärbung. Am Ende jeder einzelnen Feder befindet sich ein dunkler rundlicher Fleck. In diesem ist wiederum ein weißlicher Fleck vorhanden, den man als Perle bezeichnet.
Rebhuhnfarbig	Andere Bezeichnung für Wildfarbig.
Silberhalsig	Das Hals- und Schultergefieder der Silberhälse hat eine mehr oder weniger silberweiße Färbung, die von dünnen dunklen Streifen durchzogen wird.
Tupfenzeichnung	Die Tupfenzeichnung ist eine Variante der Lackung. Hierbei hat der dunkle Fleck keine rundliche, sondern eine mehr halbmondartige Form.
Wildfarbig und Wildfarbig-bunt	Unter Wildfarbig versteht man eine weitgehende farbliche Ähnlichkeit mit dem Gefieder des weiblichen Bankivahuhns. Exemplare bei denen eine feine weiße Sprenkelung in das Gefieder gezüchtet wurde, bezeichnet man als wildfarbig-bunt.

UNTERSCHIEDE UND GEMEINSAMKEITEN

Erkennungs- und Bestimmungsmerkmale

Kämme, Kehllappen und Ohrscheiben stellen oft wichtige Kriterien bei der Rassen- beziehungsweise Formenbestimmung dar. Diese sind bei den Hennen normalerweise schwächer ausgeprägt als bei den Hähnen, weshalb sich die Größenangaben in diesem Buch auf letztere beziehen.

Sowohl bei dem Kamm als auch den gelegentlich als Kinnlappen bezeichneten Kehllappen handelt es sich um fleischige Kopfanhängsel.

Innerhalb der Schar fungieren sie als wichtige Erkennungsmerkmale, die den Hühnern bei der gegenseitigen Identifikation helfen. Weil Hühner keine Schweißdrüsen besitzen, dienen diese Kopfanhängsel auch dazu, an heißen Tagen überschüssige Körperwärme abzugeben. Außerdem lässt sich am Kamm oft der Gesundheitszustand des jeweiligen Tieres ablesen. Sieht ein sonst kräftig rot gefärbter Kamm plötzlich blass und schlaff aus, ist das fast immer ein Indiz dafür, dass gesundheitlich irgendetwas mit seinem Träger nicht in Ordnung ist.

Die an den Schläfen befindlichen Ohrscheiben, manchmal auch Ohrlappen genannt, dienen vor allem dazu, die Gehörgänge zu schützen.

In Abhängigkeit von der Rasse haben sie eine weiße, bläuliche oder rote Färbung. Darüber hinaus gilt als Faustregel, dass Hennen mit weißen Ohrscheiben zumeist weißschalige Eier legen. Dagegen stammen braunschalige Eier primär von Exemplaren mit roten Ohrscheiben.

Anhand von Kämmen und Kehllappen erkennen sich die Mitglieder einer Hühnerschar

Bezüglich ihrer Form lassen sich folgende Kämme unterscheiden:

Einzelkamm: Es handelt sich vorwiegend um großflächige, fast fahnenartig wirkende Kämme, die häufig aufrecht stehen und stark gezackt sind.

Rosenkamm: Anstatt der Zacken weißt diese Kammform „Perlen“ auf. Diese Form läuft am Hinterhaupt in einen sogenannten (Kamm-) Dorn aus.

Hörnchenkamm: Der Kamm befindet sich an der Stirn und sieht aus wie zwei leicht schräg zur Seite stehende Hörnchen. Hühner mit einem derartigen Kamm werden auch als „Teufelsköpfe“ bezeichnet.

Walnusskamm: Diese zackenlosen, ebenfalls auf der Stirn befindlichen Kämme haben die Form einer Walnuss.

Erbsenkamm: Dieser Kamm besteht aus drei Reihen kurzer gezackter Hautlappen, wobei der mittlere die beiden seitlichen überragt.

Becher- oder Kronenkamm: Es handelt sich um eine selten anzutreffende Kammform, bei der jeweils die vorderen und hinteren Bereiche zweier Einzelkämme miteinander verwachsen sind.

Zeigt her eure Federn

Bei den meisten Hühnerrassen wird mit Ausnahme der Unterschenkel, Zehen sowie einiger Bereiche am Kopf der Körper von mehr oder weniger dichtem Gefieder bedeckt. Dieses besteht aus den sogenannten Kontur- und Daunenfedern, die regional auch nur als Daunen bezeichnet werden. Bei den Daunenfedern handelt es sich um Unterfedern, die direkt die Haut bedecken. Sie haben vor allem eine wärmedämmende Wirkung. Über den Daunen befinden sich die Konturfedern, die zu einem wesentlichen Teil das Erscheinungsbild der jeweiligen Rasse bestimmen.

Bei der Befiederung der Küken handelt es sich, trotz ähnlicher Eigenschaften, um keine echten Daunen, sondern um modifizierte Konturfedern. Diese sogenannten Nestlingsdaunen sollen die Küken in erster Linie vor Kälte schützen.

Sowohl die Daunen- als auch die Konturfedern stellen nervenlose Gebilde dar, die sehr viel Keratin enthalten. In ihrem Grundaufbau ähneln sich beide Federtypen. Sie bestehen jeweils aus dem Kiel und der Fahne, die sich wiederum in die schmalere Außen- und die breitere Innenfahne unterteilt. Diese stellen wiederum eine Vereinigung zahlreicher Federäste dar, die durch kleine, ineinandergreifende Widerhaken verbunden sind und somit eine relativ große Stabilität erreichen. In den Daunen der Küken sind derartige Widerhaken noch nicht vorhanden, weshalb sie sich sehr weich anfühlen. Nachteilig ist jedoch, dass die Küken-Daunen kaum Wasser abperlen lassen und die Jungen deshalb sehr schnell durchnässen. Aus diesem Grund sollte man die Küken nie bei Regenwetter ins Freie lassen, weil sonst die Gefahr besteht, dass sie sich wegen des durchnässten Gefieders lebensgefährlich erkälten beziehungsweise an einer Lungenentzündung erkranken.

Das Kükengefieder fühlt sich samtartig weich an

Neben den wärmeisolierenden Eigenschaften schützt das Gefieder die Haut vor zu intensiver Sonneneinstrahlung und bildet eine Art Polster, welches die Intensität mechanischer Einwirkungen verringert.

Einige Rassen besitzen auf ihren Köpfen büschel- beziehungsweise haubenartige Federstrukturen, bei denen es sich um Mutationen des Kopfgefieders handelt. Ähnlich verhält es sich mit den sogenannten Bärten, die beispielsweise die Deutschen Zwerg-Lachshühner unterhalb ihrer Kehllappen aufweisen. Diese „Bärte“ sind nichts anderes als dichte Büschel aus kleinen Federn. Mutationen der gesamten Konturfedern findet man bei den Zwerg-Seidenhühnern. Bei diesen Tieren haben sich auch bei den erwachsenen Exemplaren die Strukturen in den Federästen daunenähnlich umgebildet, wodurch die Widerhaken nicht mehr ineinandergreifen. Deshalb erscheint das Gefieder der (Zwerg-)Seidenhühner fast fellartig.

Funktionell lassen sich die Konturfedern folgendermaßen unterteilen:

Körperfedern: Sie bedecken den Rumpf und schützen diesen vor Nässe.

Schwungfedern: Diese Federn stehen vor allem im Dienst des Fliegens. Sie befinden sich an den Flügeln und bilden die Hand- und Unterarmschwingen.

Steuerfedern: Sie befinden sich am Schwanz und sind vor allem für das Fliegen von Bedeutung.

Deckfedern: Diese nicht primär im Dienst des Fliegens stehenden Federn komplettieren die Befiederung an Schwanz und Flügeln.

Das fellähnliche Gefieder der Zwergseidenhühner lässt diese Rasse größer erscheinen als sie eigentlich ist

Als Mauser bezeichnet man den in regelmäßigen Abständen wiederkehrenden Verlust des Gefieders, welches anschließend durch neue Federn ersetzt wird. Diese regelmäßigen Erneuerungen sind notwendig, weil sich die Federn, ähnlich wie die Verschleißteile in einer Maschine, im Laufe der Zeit abnutzen und dadurch ihre volle Funktionstüchtigkeit verringert wird. Dabei unterscheidet man zwischen der Voll-, der Teil- und der Schockmauser. Bei der Vollmauser, werden sämtliche Federn durch neue ersetzt.

Im Unterschied dazu verlieren die Hühner bei der Teilmauser nur einzelne Federn, die anschließend nachwachsen. Die auch als Stressmauser bezeichnete Schockmauser stellt eine Sonderform dar, die nicht kontinuierlich auftritt. Es wird vermutet, dass die Schockmauser eine Art Schutzreflex des Körpers darstellt. Sie erfolgt fast ausschließlich, nachdem die Hühner einer extremen Stresssituation ausgesetzt waren. Im Rahmen der Schockmauser erfolgt lediglich eine teilweise Federerneuerung.

Eine einmalige Form der Mauser ist die Kükenmauser. Bei dieser nach den ersten Lebenswochen auftretenden Form ersetzen die Küken ihre Daunen durch kleine Konturfedern. Der Fachmann spricht dann auch vom Schieben der Federn.

Ihre erste Vollmauser, die hormonell gesteuert und von weiteren äußeren Faktoren, wie Temperatur, Lichtverhältnissen

Unterschiedlich gefärbte Deckfedern

In ihrem Leben durchlaufen die Hühner nur einmal die Kükenmauser

sowie Nahrungsangebot, beeinflusst wird, durchlaufen die Hühner im Alter von etwas mehr als einem Jahr. Diese dauert 4–6 Wochen und schafft die Basis dafür, dass die Hühner in den sich anschließenden Wintermonaten ein grunderneuertes, gut wärmendes Gefieder besitzen.

Wie jede Mauser beansprucht auch die Vollmauser den Körper der Hühner, der dadurch relativ stark ausgelaugt wird. Um dem etwas gegenzusteuern, ist es ratsam, den Hühnern während der Mauser ein besonders hochwertiges Futter anzubieten, das neben reichlich Vitaminen und Eiweißen auch genügend Kalk enthält. Insbesondere die Vitamine wirken nicht nur stimulierend auf die in den Körpern der Hühner ablaufenden Stoffwechselfunktionen, sondern stärken gleichzeitig dessen Abwehrkräfte.

Im Verlauf der Mauser verringert sich die Legebereitschaft der Hühner. Zum Ende hin setzen sogar zahlreiche Rassen gänzlich mit dem Legen aus, um sämtliche körperlichen Reserven in die Bildung neuer Federn zu investieren. Eine besondere Bemerkung verdient die Tatsache, dass bei Hühnern, die zuvor überdurchschnittlich legten, die Mauser schneller vonstattengeht als bei schlechten Legerinnen sowie bei Exemplaren mit einer schwächlichen Gesundheit. Die großen körperlichen Beanspruchungen, denen die Hühner während der Mauser ausgesetzt sind, erkennt man auch daran, dass das Ausfallen der Federn mit einem Verblassen und Schrumpfen der Kämme und Kehllappen einhergeht. Beide entwickeln aber nach Beendigung der Mauser sehr schnell wieder ihre ursprüngliche Größe und Farbintensität.

WAS HÜHNERN WIRKLICH SCHMECKT

Wo und wie aus Nahrung Energie wird

Im Verlauf der Evolution fanden in den Körpern der Vorfahren aller heutigen Vögel Reduktionen statt, deren Funktionen teilweise durch andere Organe kompensiert wurden. Ganz typisch ist das Verschwinden der Zähne. Aus diesem Grund sind die Hühner auch nicht mehr zu einem Kauen befähigt, wie es beispielsweise von den Menschen bekannt ist. Stattdessen verschlucken Hühner kleine Nahrungskomponenten, wie etwa Getreidekörner und kleine Würmer komplett und hacken aus größeren Nahrungsbrocken Teile heraus.

Um die Gleitfähigkeit der aufgenommenen Nahrung zumindest etwas zu erhöhen, erfolgt im Schnabel eine minimale Einspeichelung. Über den Rachenraum und die Speiseröhre gelangt die Nahrung in den Kropf, wobei dieser rein anatomisch betrachtet, eine sackähnliche Erweiterung der Speiseröhre darstellt.

Im Kropf befinden sich zahlreiche Drüsen, die Sekrete zum biochemischen Erstaufschluss der Nahrung absondern. Dadurch wird die Nahrung etwas aufgeweicht. An den Kropf schließt sich der sogenannte Drüsenmagen an. Dessen Hauptfunktion besteht darin, die biochemische Aufspaltung der Eiweiße einzuleiten. Vom Drüsenmagen erfolgt ein Weitertransport der Nahrung in den Muskelmagen, der, wie es seine Bezeichnung schon erahnen lässt, aus kräftigen Muskeln besteht und sehr ausdauernd „arbeiten" kann. In diesem Magen befindet sich Grit. Dabei handelt es sich um sehr kleine Steinchen, die von den Hühnern gelegentlich aufgenommen werden. Im Zusammenspiel mit den Kontraktionen des Muskelmagens funktionieren diese Steinchen fast wie ein kleines Mahlwerk, das die Nahrung weiter zerkleinert und dadurch deren Oberfläche erheblich vergrößert.

Der Sinn dieser Oberflächenvergrößerung besteht darin, den Verdauungssäften und Enzymen, die die Nahrung weiter aufspalten, möglichst viele Ansatzstellen für ihre Arbeit zu bieten. Vom Muskelmagen gelangt die jetzt schon sehr breiige Nahrung in den Dünndarm, in dem die Aus-

Schematische Darstellung des Verdauungstraktes eines Huhns

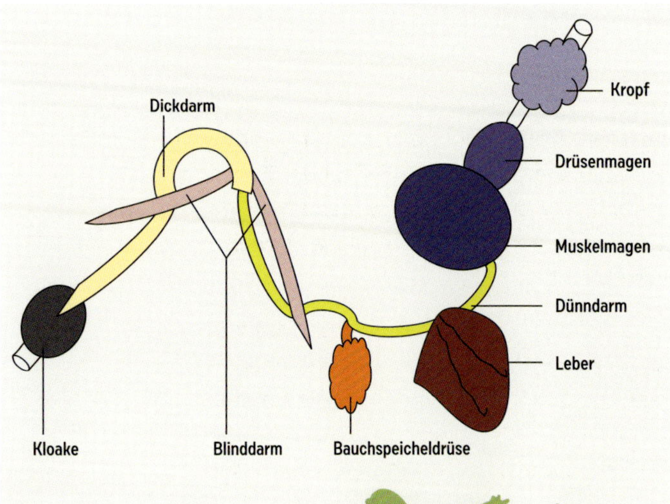

führungsgänge der Gallenblase und der Bauchspeicheldrüse münden. Beide Organe geben Verdauungssäfte ab, die beschleunigend auf den Nahrungsaufschluss wirken. Außerdem beginnt in den mittleren und hinteren Abschnitten des Dünndarms die Resorption von Nährstoffen, welche anschließend für die Erhaltung der Körperfunktionen, zum weiteren Aufbau von Muskelmasse sowie zur Bildung von Eiern erforderlich sind. Dem Dünndarm schließt sich nun der Dickdarm an, in den der bereits sehr stark zersetzte Nahrungsbrei gelangt. Der vorderste Abschnitt des Dickdarms wird vom Blinddarm gebildet, der aus zwei schlauchartigen Aussackungen

Hühner sind ganz typische Allesfresser

besteht. Darin befinden sich Unmengen an Zellulose spaltenden Bakterien. Durch sie wird vor allem die im aufgenommenen Grünfutter vorhandene Zellulose teilweise verarbeitet.

Eine vollständige bakterielle Zelluloseaufspaltung findet im Blinddarm allerdings nicht statt, weil dafür die Verweildauer des Nahrungsbreies zu kurz ist. Die Aufgabe des Mastdarms, als letztem Abschnitt des Dickdarms, besteht hauptsächlich darin, dem Verdauungsbrei Wasser zu entziehen. Dabei wird der Nahrungsbrei weitgehend in Kot verwandelt, den die Hühner über ihre Kloake ausscheiden. Letztere fungiert bei den Vögeln als gemeinsame Austrittspforte für Verdauungs-, Geschlechts- und Exkretionsprodukte. Damit dieses Austreten nicht dauerhaft beziehungsweise völlig unkontrolliert erfolgt, dichten Schließmuskel die Kloake perfekt ab.

Typische Allesfresser

Ganz grob lassen sich Vögel in folgende drei Ernährungstypen untergliedern, zwischen denen mehr oder weniger fließende Übergänge bestehen: Pflanzenfresser (*herbivore* Arten), Fleischfresser (*carnivore* Arten) und Allesfresser (*omnivore* Arten), deren Nahrungsspektrum sich sowohl aus pflanzlichen als auch tierischen Komponenten zusammensetzt. Die Hühner gehören zum letztgenannten Ernährungstyp.

Wie schon ihre einstigen Vorfahren, die Bankiva-Hühner, die die Falllaubschicht des Urwaldes mit ihren Füßen durchscharrten, um an kleine tierische Nahrung zu gelangen, verhalten sich auch (Zwerg-)Hühner. Da sie zumeist nicht auf Laub, sondern auf Rasenflächen gehalten werden, stellen diese sozusagen eine Art Ersatz für den Urwaldboden dar und werden, dem natürlichen Verhaltenstrieb folgend, ebenfalls durchscharrt. An pflanzlichen Nahrungsbestandteilen bevorzugen die Zwerge Körnernahrung (hauptsächlich Getreide), welche durch Grünfutter, Hackfrüchte und Kernobst ergänzt werden sollte. Im Unterschied zu Gänsen und Enten, die sehr gern Futter aufnehmen, das eine breiige bis fast flüssige Konsistenz aufweist, ist solches bei Hühnern nicht beliebt. Sie stehen mehr auf die „festeren" Sachen.

Im Freiland wird oft und ausgiebig im Boden nach tierischer Nahrung gescharrt

Ein breites Spektrum

Das als Hauptnahrung dienende Körnerfutter kann man entweder als (Lege-)Mischung oder in Reinform erwerben. Dabei erfreuen sich Weizenkörner der größten Beliebtheit. Ihnen folgen Maiskörner, die man für die Zwerge am besten etwas schrotet, sowie Gersten-, Dinkel- und Haferkörner.

Dagegen stehen bei den Zwergen Roggen- und Triticalekörner weniger hoch im Kurs. Das Anbieten des Körnerfutters sollte hin und wieder in vorgekeimter Form erfolgen. Gegenüber dem klassischen Körnerfutter besteht der entscheidende Vorteil des gekeimten Getreides im höheren Gehalt an Vitaminen und essentiellen (lebensnotwendigen) Linolensäuren. Außerdem erzielt man mit diesem Futter den optischen Nebeneffekt, dass sich die Eidotter kräftiger färben. Anfangs sind die Hühner beim Fressen des gekeimten Getreides noch etwas skeptisch, aber nachdem sie es richtig kennen, wächst ihre Begeisterung dafür sehr rasch.

Als ein ebenfalls sehr hochwertiges Körnerfutter, das man gelegentlich in die Futterrationen integrieren sollte, haben sich die ganzen oder geschroteten Samen sowie junge grüne Pflanzenteile von Hülsenfrüchtlern erwiesen, welche auch als Leguminosen bezeichnet werden. Hierzu gehören unter anderem Acker- und Sojabohnen, Erbsen, Wicken, Süßlupinen und Blaue Luzerne. Der Vorteil dieser Samen besteht darin, dass sie deutlich mehr Eiweiß enthalten als die überwiegend stärkereichen Getreidekörner.

Getreide und Körnermischungen bilden das Hauptfutter für die Zwerge

Der Volksmund behauptet zwar immer noch, dass der Verzehr von Mohn dumm macht, aber diese Aussage bezieht sich nicht auf die blauschwarzen Körner, sondern

Erbsen und Blaue Luzerne werden gern gefressen

Auch Mohn- und Leinsamen eignen sich als gelegentliches Beifutter

auf die aus dem Milchsaft von angeritzten Mohnkapseln hergestellten Opiate. Gelegentlich verzehrte Mohnkörner wirken sich sogar förderlich auf die Gesundheit aus. Neben hohen Gehalten an Eisen, Kalzium, Kalium und Magnesium, die die Funktionen von Herz, Gehirn und Muskeln positiv stimulieren, sind im Mohn auch zahlreiche Fettsäuren und Eiweiße enthalten.

Der Vorteil von Leinsamen sind die darin enthaltenen Omega-3-Fettsäuren, die die Entwicklung des Gefieders begünstigen und diesem zusätzlichen Glanz verleihen.

Reichlich Vitamine und weitere organische Verbindungen sind außer im Grün- auch im sogenannten Saftfutter enthalten. Neben den Leguminosen gehören zu den gern

Rüben haben sich als sehr gute Saftfutterkomponenten erwiesen

gefressenen Grünpflanzen fein gehackte junge Brennnesseln, Kopfsalat, Breit- und Spitzwegerich, Löwenzahn sowie Vogelmiere. Als Saftfutterkomponenten bieten viele Hühnerhalter Karotten, Futter- und Zuckerrüben, Rote Bete, Brokkoli, Blumenkohl sowie (nicht faulige) Äpfel und Birnen an.

Bei schlechtem Wetter sowie im Winter, wenn die Hühner nicht ins Freie können und außerdem das Grün weniger intensiv sprießt, ist es äußerst empfehlenswert, pro Woche mindestens drei „Saft"- beziehungsweise „Grünfuttertage" einzulegen. An diesen Tagen kann man ein selbsthergestelltes, feuchtkrümeliges Futtergemisch anbieten, welches beispielsweise aus 70 % Weizenschrot, 10 % Weizenkleie, 17 % feingehacktem Kopfsalat sowie 3 % Futterkalk und Mineralstoffgemisch besteht. An den Safttagen besteht eine Alternative darin, statt des Weizenschrotes Maisschrot und statt des Grünanteils Karottenschnitzel anzubieten.

Wer seine Zwerge richtig verwöhnen möchte, kann ihnen gelegentlich im Fachhandel erhältliches Insekten- oder Garnelenschrot füttern. Als ein noch beliebteres, aber auch sehr kostenintensives Lebendfutter haben sich Mehlwürmer erwiesen, bei denen es sich um die Larven des Mehlkäfers, *Tenebrio molitor*, handelt.

Die Futtermenge, die ein erwachsenes Huhn täglich benötigt, hängt von mehreren Einflussfaktoren ab. Zu diesen gehören vor allem die Legeleistung sowie das Gewicht und die Größe des Tieres. Des Weiteren spielen die im Futter enthaltenen Wasser-, Fett-, Eiweiß- und Kohlenhydratanteile eine wichtige Rolle. Während ein umfangreicher Fettanteil sehr sättigend wirkt, entsteht bei einem höheren Kohlenhydratgehalt schneller wieder ein Hungergefühl. Des Weiteren sollte man die Jahreszeit und die damit einhergehenden Temperaturen nicht unberücksichtigt lassen, denn wenn es kälter ist, brauchen die Hühner etwas mehr Futter zur Aufrechterhaltung ihrer Körperfunktionen.

Wer seinen Zwergen etwas Gutes tun möchte, kann gelegentlich Mehlwürmer anbieten

Ganz pauschal kann man sagen, dass die Futtermenge, die ein Zwerghuhn täglich zu sich nimmt, etwa 70–110 g beträgt. Den Bedarf für die jeweilige Rasse ermittelt man am besten, in dem der Futtertrog (bei zweimal täglicher Fütterung) in der ersten Woche genau kontrolliert wird. Wird dieser sehr schnell leer gefressen, erhöht man die Futtermengen etwas. Umgekehrt redu-

Auch bei der Freilandhaltung ist eine Zufütterung unerlässlich

ziert man diese, wenn dauerhaft größere Mengen an Futter im Trog zurückbleiben.

Man kann den Hühnern auch hin und wieder hochwertige Reste anbieten, die in der Küche anfallen. Dabei sollte man aber immer daran denken, dass die Hühner keine „Müllschlucker" sind, weshalb sich das Verfüttern von schimmligen oder halb verdorbenen Resten von selbst ausschließt. Es gibt aber keine Einwände gegen das Verfüttern von hartgewordenem Brot-, Keks- und Kuchenkrümeln sowie ungesalzenen, gekochten Graupen, Kartoffeln und Nudeln.

Hühner müssen jederzeit Zugang zu frischem Wasser haben

Ebenso kann man Knochen anbieten, an denen sich noch Fleischreste befinden. Letztere werden von den Hühnern sehr sauber abgefressen. Aus hygienischen Gründen sollte man die Knochen nach dem Abfressen, sofort wieder aus dem Stall/Auslauf entfernen.

Ohne frisches Wasser geht nichts

Höhere Lebewesen sind zumeist in der Lage, Hungerphasen über mehrere Wochen hinweg zu überstehen. Dagegen überleben sie ohne eine kontinuierliche Wasseraufnahme nur wenige Tage. Deshalb kommt dem Wasser auch im Rahmen der Hühnerhaltung ein außerordentlich wichtiger Stellenwert zu. Die Hühner benötigen dieses aber nicht nur zur Aufrechterhaltung ihrer Körperfunktionen, sondern auch in einem erheblichen Maße zur Bildung der Eier.

Grit sorgt dafür, dass die Nahrung im Magen feiner zerkleinert wird

Zum Anbieten des Wassers hält der Fachhandel eine breit gefächerte Palette an Trinkgefäßen parat. Diese reichen von einfachen steinernen Näpfen über aufhängbare Behälter mit Tränkbecken bis hin zu Nippeltränken.

Auch wenn sich in einem Gefäß noch Wasser befindet, sollte man dieses täglich durch frisches Leitungs- oder einwandfreies Brunnen- beziehungsweise Quellwasser ersetzen. Dabei ist es ratsam, das betreffende Gefäß in der Weise ab-/auszuwaschen, wie im Haushalt auch mit verschmutztem Geschirr verfahren wird.

Bewirtschaftet man dagegen das Tränkwasser nur unzureichend, sammeln sich mit fortschreitender Zeit zunehmend mehr Keime und manchmal sogar Krankheitserreger darin an.

Unverzichtbar

Wie bereits bekannt, verschlucken Hühner von Zeit zu Zeit kleine Steinchen (Grit), die in ihrem Magen wie Mühlsteine arbeiten. Zumeist finden die Hühner davon im Auslauf genügend. Trotzdem kann man dort zusätzlich eine kleine flache Schale hinstellen, die mit 0.5–2 mm großen Steinchen befüllt wird. Eine solche Schale sollte sich auch im Stall befinden (am besten an einer Wand in 10–12 cm Höhe arretiert), um somit für Situationen vorgesorgt zu haben, in denen man die Hühner bei längeren Schlechtwetterperioden nicht ins Freiland lassen kann.

Hühner brauchen zur Bildung der Eierschalen reichlich Kalk. Diese und weitere Mineralstoffe sind außerdem für den Knochenaufbau und zur Aufrechterhaltung zahlreicher Körperfunktionen unverzichtbar, wovon wiederum das allgemeine Wohlbefinden beeinflusst wird. Sowohl den Kalk als auch die Mineralstoffe mengt man am besten zwei- bis dreimal pro Woche in ein feuchtkrümeliges Futtergemisch. Bezüglich der Kalkzufuhr besteht auch die Möglichkeit „zwei Fliegen mit einer Klappe zu schlagen“, indem man den Hühnern im Handel erhältlichen Kalkstein-Grit oder Muschelbruch anbietet. Wenn diese Komponenten im Magen das Futter zermahlen, reiben sich von ihnen winzige Partikel ab, die in den Darm gelangen und dort zu einem großen Teil resorbiert werden.

Grünkohl und Rapsblätter eignen sich gut als winterliches Grünfutter

Alle mögen es gehaltvoll und abwechslungsreich

Abwechslung ist das halbe Leben. So möchte von uns Menschen niemand über Wochen oder gar Monate hinweg immer das gleiche Essen vorgesetzt bekommen. Im übertragenen Sinne verhält sich das bei den Hühnern nicht anders. Deshalb sollte man ihnen jeden Tag ein ausgewogenes und zugleich variantenreiches Futter zusammenstellen. Insbesondere in den Wintermonaten, in denen nur wenige Pflanzen sprießen, ist es mitunter nicht leicht, ständig Grünfutter für die Hühner parat zu haben. Aber mit etwas gutem Willen lassen sich auch in dieser Jahreszeit genügend Grünfutterquellen erschließen.

Derartige Quellen stellen beispielsweise die Blätter von Winterraps und/oder Grünkohl dar, die man im kleingehackten Zustand mit anderen Komponenten vermengen kann. Letztlich gedeiht sogar im Winter, wenn auch etwas verhaltener, die Vogelmiere. Um diese stets verfügbar zu haben, kann man im Garten ein paar Quadratmeter so abgrenzen, dass diese für die Hühner nicht zugänglich sind.

EINBLICKE IN DAS HÜHNERLEBEN

Frühaufsteher statt Nachtschwärmer

Wohl jeder hat schon einmal den Ausspruch gehört „Mit den Hühnern aus den Federn“. Dieser Satz trifft in vollem Umfang zu, denn Hühner sind ausgesprochene Frühaufsteher. Wenn sich ein Hahn in der Schar befindet, lässt dieser seinen ersten Weckruf oftmals schon ertönen, wenn es noch etwas dämmerig ist.

Anschließend ist das „Schönmachen“ angesagt, indem die Zwerge ihr Gefieder ausgiebig putzen. Es folgt die morgendliche Wasseraufnahme. Während die Zwerge darauf warten, ins Freie gelassen zu werden, fressen sie schon gern etwas. Deshalb sollte man ihnen das erste Futter des Tages im Stall anbieten. Später suchen sie im Auslauf vor allem nach tierischen Leckerbissen, wie Würmern und Insekten. Während der Vormittagsstunden hacken sie des Öfteren auch grüne Nahrungsbestandteile ab oder picken diese aus dem Futtertrog.

Während der Ruhephase läuft die Ei-Produktion oft auf Hochtouren

Wenn sie in Legestimmung sind, erfolgt das Absetzen des Eies zumeist ebenfalls am Vormittag. In den Mittagstunden nehmen die Hühner häufig Sandbäder und ruhen sich aus.

Während solcher Ruhephasen sollte man sie möglichst nicht stören. Die Hühner befinden sich dann nämlich gar nicht in einem entspannten Zustand. Vielmehr laufen in ihrem Inneren die Prozesse zum Aufbau der Eierschale auf Hochtouren. Einwirkender Stress kann dann zu Fehlbildungen in der Schalenstruktur führen.

In den Nachmittagsstunden nehmen die Hühner nochmals Wasser auf; danach widmen sie sich erneut intensiv der Nahrungssuche. Noch bevor die Abenddämmerung beginnt, treibt der Hahn die Hennen in den Stall. Dort begeben sich alle Mitglieder der Schar auf die Sitzstangen, wo sie bald darauf einschlafen.

Manche sind kleine Schreihälse

Das Krähen gehört zum Hahn wie das Brot zum Bäcker. Es handelt sich dabei um eine artspezifische Verhaltensweise, die primär zum Anzeigen von Revieren, also der Herrschaftsbereiche von Hähnen, dient. Dieses Krähen kann sowohl in der Lautstärke als auch in der Häufigkeit variieren. Die Rufhäufigkeit steigert sich, wenn Hähne auf den Nachbargrundstücken leben, die ebenfalls ihren Herrschaftsbereich akustisch anzeigen. Besonders häufig ertönen diese Laute zwischen Sonnenaufgang und den Mittagstunden. Einige Zwerge, wie etwa die Zwerg-Cochin, krähen zwar im Durchschnitt weniger als die Vertreter anderer Rassen, aber das schließt nicht aus, dass man vielleicht einen „überdurchschnittlichen“ Hahn erworben hat, der gern seinen Ruf ertönen lässt. Wer Bedenken hat, dass die Nachbarschaft Anstoß an den Krählauten nimmt, sollte ausschließlich Hennen halten. Allerdings kann es auch dann in seltenen Fällen passieren, dass die ranghöchste Henne den Hahn „vertritt“ und gelegentlich Krählaute von sich gibt. Das Fehlen des Hahns macht sich jedoch dahingehend bemerkbar, dass dieser mit seinem beeindruckenden Gefieder häufig der „Hingucker“ innerhalb der Hühnerschar ist.

Krähen gehört zu den typischen Lauten der Hähne

Mit stolzem Gang wird das Revier inspiziert

Die Hähne kommunizieren akustisch aber nicht nur mit benachbarten Revierinhabern, sondern auch mit ihren Hennen. Ebenso verfügen letztere über ein Repertoire von 25–30 Lauten, mit denen sie sich mit ihren Artgenossinnen und den Küken verständigen. Dabei ertönen folgende Laute besonders häufig:

Lautes Gackern: Dadurch zeigen Hühner an, dass sie aufgeregt sind. Außerdem lassen sie es nach der Eiablage ertönen und um ihren Rang in der Hühnerschar anzuzeigen. Beispielsweise Gackern ranghöhere Hühner wesentlich häufiger als rangniedere. Auf weiträumigen Flächen, auf denen vielleicht sogar einige Gehölze stehen und deshalb die Artgenossen nicht ständig gesehen werden, hilft das Gackern vor allem zum Halten des Kontaktes. Letztlich ist ein leises Gackern zumeist ein Ausdruck, dass sich das betreffende Huhn wohlfühlt.

Glucksende Laute: Diese geben vor allem Hennen von sich, die Küken führen. Das Glucksen dient dazu, mit den Jungen ständig in Kontakt zu bleiben. Die Küken sind bereits beim Schlüpfen auf diese Gluckenlaute geprägt. Das liegt daran, dass Glucken während der Brutphase diese Laute gelegentlich ertönen ließen und dadurch bei den sich entwickelnden Küken ein Lernprozess einsetzte.

Fauchen: Werden brütende Hennen gestört, geben sie fauchende Geräusche von sich, die den Störenfried vertreiben sollen.

Kurze, abgehackt wirkende Laute: Sie dienen als Warnrufe, wenn beispielsweise potentielle Fressfeinde bemerkt werden. Je akuter dabei die Gefahrensituation ist, desto lauter und häufiger geben die Hühner diese Laute von sich.

Ein Huhn ist kein Hasenfuß

Wie schon erwähnt, mochten bereits die Bankiva-Hühner die Gemeinschaft ihrer Artgenossen. Die Tiere fühlen sich in deren Nähe einfach wohler. Dieses Interesse an einer gemeinsamen Haltung mit Artgenossen ist auch bei allen heutigen (Zwerg-) Hühnerrassen erhalten geblieben.

Würde dagegen ein Zwerghuhn ohne Artgenossen gepflegt, versucht dieses fast immer, Ersatz zu finden, indem es sich stärker auf Menschen fixiert. Allerdings können Menschen niemals ein vollwertiger Artgenossen-Ersatz sein, weil viele unserer Verhaltensweisen nicht mit denen der Zwerge übereinstimmen. Im Umkehrschluss muss man aber nicht befürchten, dass kein inniges Verhältnis zu Zwerghühnern möglich ist, wenn davon mehrere Exemplare gehalten werden. Wichtig ist nur, sich viel mit den Hühnern zu beschäf-

Dieser Hahn ist ausgesprochen zahm

tigen. Wenn man beispielsweise ruhig mit ihnen redet und häufig Leckerbissen auf der flachen Hand anbietet, werden die Vertreter vieler Rassen schnell zutraulich und lassen sich sogar streicheln.

Falls sich unter den Hühnern ein etwas ängstlicheres Tier befinden sollte, übernehmen nicht selten seine Artgenossen eine gewisse „Vorreiterrolle“ bei der Zähmung. Indem sie sich vertrauten Menschen ohne Furcht nähern, merkt und lernt das etwas ängstlichere Huhn, dass von diesen keine Gefahren ausgehen.

Rang- und Reihenfolge

Ein Hahn, der bereits mit den rassegleichen Hühnern seiner Schar aufgewachsen ist, nimmt immer die Spitzenposition ein. Trotz seiner körperlichen Überlegenheit musste er etwas für diese Position leisten und sie während der im Küken- und Jugendalter stattfindenden Rangordnungskämpfe gegen die Hennen erstreiten. Doch damit ist es nicht getan: Vielmehr muss der Hahn immer wieder aufs Neue beweisen, dass er ein würdiger Herrscher ist, indem er seine „Damen“ vor potentiellen Feinden warnt und sie erforderlichenfalls gegen diese verteidigt. Des Weiteren schlichtet er aktiv viele kleinere Streitereien, die immer mal wieder zwischen den Hennen aufkommen.

Erfolgt ein Austausch des bisherigen Hahns gegen einen anderen, wird dieser zunächst von den Hennen attackiert. Er muss dann erst seinen Mut und seine Führungsqualitäten unter Beweis stellen und sich gegen die Hühner durchsetzen.

Bei vielen Rassen ist es nicht möglich, in eine bestehende Schar, die von einem starken Hahn geführt wird, einen zweiten erwachsenen Hahn zu integrieren. Eine solche Integration kann nur bis zum Junghahnstadium erfolgen, weil es sonst unausweichlich zu einem Kampf kommt. Anschließend bleibt für den unterlegenen Hahn nur die Rolle des „Prügelknaben“. In der Folgezeit wird er nicht nur (sehr häufig) von dem siegreichen Kontrahenten, sondern auch von den Hühnern attackiert. Eine solche, mit Dauerstress einhergehende Situation sollte man verständlicherweise keinem Hahn antun.

Aber nicht nur zwischen Hähnen sowie Hahn und Hühnern existiert ein Netzwerk an Beziehungen, sondern auch innerhalb der Hennen. Diese Beziehungen können sowohl freundschaftlicher als auch aggressiver Natur sein und werden vor allem durch unterschiedliche Lautäußerungen sowie Körperhaltungen und -bewegungen ausgedrückt. Beispielsweise genügt es schon, dass ein rangniederes Huhn bei einem Kon-

Hähne wollen und müssen ihren Status immer aufs Neue beweisen

flikt mit einer ranghöheren Henne den Kopf abwendet, um die Situation zu entschärfen. Erweist das rangniedere Huhn dem ranghöheren nicht den nötigen Respekt, wird es von letzterem zumeist durch ein paar Schnabelhiebe wieder „zur Ordnung" gerufen.

Auf Basis von spielerischen Kämpfen beginnt sich bereits im Kükenalter eine Rangfolge zu entwickeln, die mit wachsender Ernsthaftigkeit bis zum Erreichen des Erwachsenenalters fortgeführt und als Hackordnung bezeichnet wird.

Diese dient nicht etwa dazu, zänkische Verhaltensweisen in die Hühnerschar zu bringen. Im Gegenteil, dadurch, dass jede Henne ihre Rangposition kennt, herrscht in der Schar weitgehend Ruhe.

Im Rahmen dieser Ordnung hacken fast ausschließlich die ranghöheren Exemplare

Erste Rangordnungskämpfe finden bereits im Kükenalter statt

die rangniederen. Besonders klar zeigt sich die Hackordnung, wenn die Hühner auf der im Stall befindlichen Schlafstange ihre Plätze einnehmen. Dann duldet kein ranghöheres Huhn, dass sein Schlafplatz von einem rangniederen besetzt wird.

In kleineren Scharen, die nur aus 3–5 Tieren bestehen, ist zumeist eine lineare Hackord-

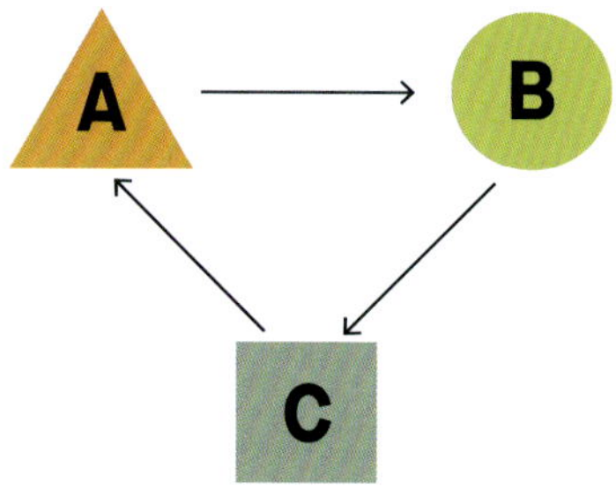

Dreiecks-Hackordnung

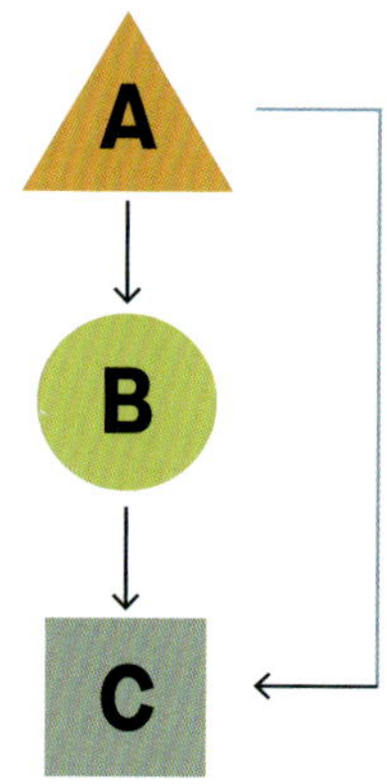

Lineare Hackordnung

nung, eine Dreieckshackordnung oder eine Ordnung mit einem dominanten Huhn und einem Hackdreieck zu beobachten. Letzteres ist so strukturiert, dass die Henne A die Henne B hackt. Henne B hackt wiederum Henne C und diese Henne A. Ein Hackdreieck entwickelt sich oftmals zwischen annähernd gleichstarken Hennen. Innerhalb dieses Gefüges sind somit alle Hennen nahezu gleichberechtigt.

In der linearen Hackordnung dominiert das Huhn A alle anderen Artgenossen. B darf wiederum C hacken. Dagegen besitzt C als Endglied der Rangkette keinerlei „Hackrechte".

In größeren Scharen existiert dagegen oft ein mannigfaltigeres Hackgefüge.

Hackgefüge

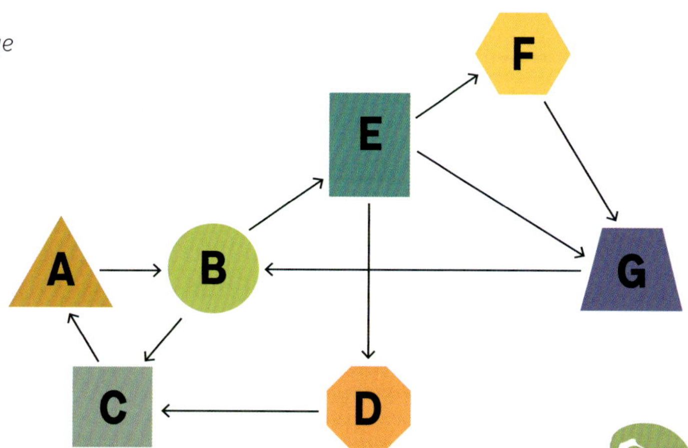

Körperpflege

Im Unterschied zu zahlreichen anderen Vogelarten benutzen Hühner zur Körperpflege kein Wasser. Das bedeutet aber nicht, dass sie unreinlich sind. Ganz im Gegenteil, denn sie nehmen oft Trockenbäder.

Dazu graben sie sich an trockenen Stellen Mulden in den Boden und werfen sich feinen Staub und/oder Sand in ihr Gefieder. Dadurch werden lästige Parasiten, wie Flöhe und Milben vertrieben beziehungsweise abgetötet. In diesem Zusammenhang hat es sich bewährt eine Zeitlang die Hühner genau zu beobachten und sich zu merken, wo sie bevorzugt ihre „Badestellen“ anlegen. An dieser Stelle kann man den Boden einen Spatenstich tief ausheben und anschließend sehr feinen, naturbelassenen Sand einfüllen. In der warmen Jahreszeit ist es empfehlenswert, gelegentlich den Sand über Nacht mittels einer Gießkanne etwas zu wässern. Während des Austrocknens verfestigt sich der Sand so, dass die Zwerge am nächsten Tag ihr angeborenes Scharrverhalten noch besser ausleben können.

Weil der Sand im Laufe der Zeit verschmutzt, sollte er jährlich durch frischen ersetzt werden.

Außer Sand-/Staubbädern betreiben die Zwerghühner noch eine weitere Form der Körperpflege, indem sie sich mehrmals am Tag mit dem Schnabel und/oder den Krallen putzen. Dabei entnehmen die Hühner ihrer (an der Oberseite der Schwanzwurzel befindlichen) Bürzeldrüse ein fettiges Sekret, mit dem sie das Gefieder „eincremen“, wodurch dieses besser vor Regen und Sonne sowie der Körper vor Kälte geschützt werden.

Den alten Sand aus dem „Vogelbad“ kann man auf einer Rasenfläche verteilen, um so die Moosbildung zu erschweren.

HÜHNERHALTUNG IN DER PRAXIS

Vorstellungen vom Eigenheim

Hühner müssen die Möglichkeit haben, sich bei schlechtem Wetter in einen Stall zurückzuziehen. Gleiches gilt für die Nachtstunden, die die Hühner normalerweise schlafend im Stall verbringen. Bezüglich der Konstruktion und Beschaffenheit des Stalls stehen mehrere Varianten zur Auswahl. Diese erstrecken sich von Komplettmodellen (oftmals mit einer kleinen Voliere kombiniert), die in Bau- und Gartenfachmärkten erhältlich sind, über Holzschuppen bis zu massiv gemauerten Ställen.

Die kleineren Komplettmodelle besitzen den Vorteil, dass es sich um mobile Varianten handelt, die sich relativ leicht an eine andere Stelle des Gartens umsetzen lassen. Leider erweisen sich die Konstruktionen oft als sehr verschachtelt, wodurch das Reinigen und Bewirtschaften etwas mühsam ist. Hinzu kommt, dass die Volieren häufig sehr winzig sind und den Hühnern nur wenig Möglichkeiten bieten, ihren Bewegungs- und bei einigen Rassen den Flugdrang umfassend auszuleben.

Ein laubenartiger Holzschuppen bietet die Vorteile, dass darin die Hühner zumeist wesentlich mehr Platz haben. Pro Zwerg sollte man mit mindestens 0,3–0,5 m^2 Bodenfläche rechnen, dann können sich die Tiere auch bei längeren Stallhaltungsphasen ausreichend bewegen, ohne sich gegenseitig zu behindern. Darüber hinaus lassen sich in solchen Ställen die Pflege und Wartungsarbeiten in bequemer Körperhaltung verrichten und es herrscht aufgrund des atmungsaktiven Holzes fast immer ein sehr günstiges Stallklima für die Hühner. Der Boden eines solchen Schuppens sollte vorzugsweise aus einer Betonplatte oder Holz bestehen. Damit letzteres nicht zu faulen beginnt, platziert man den gesamten Schuppen am besten auf kleinen, pfahlartigen „Betonfüßen".

Ein Nachteil des Holzschuppens besteht darin, dass er in der Regel nicht so langlebig ist, wie ein gemauerter Stall. Letztgenannter kühlt aber schneller aus als ein Holzschuppen.

Dieser „Nachteil" lässt sich einerseits etwas kompensieren, indem beim Neubau für die

Wände wärmeisolierende Materialien, wie beispielsweise Porenbeton oder Hohlziegel verwendet werden und man andererseits während der kalten Jahreszeit eine etwas dickere Einstreuschicht in den Stall einbringt. Wenn der Boden in einem derartigen Stall aus Beton besteht, lässt sich das gesamte Gebäude sehr gut reinigen und desinfizieren. Des Weiteren dringt durch einen fachgerecht gestalteten Betonboden keine Feuchtigkeit in das Gebäude, auf die die Hühner sehr empfindlich reagieren. Außerdem kann nach dem Entmisten beispielsweise ein- bis zweimal pro Jahr eine besonders gründliche Säuberung mit einem Hochdruckreiniger erfolgen. Indem die Innenwände dieses Stalltyps in mehrjährigen Abständen frisch gekalkt werden, beseitigt man auch zahlreiche Keime und Bakterien, die sich auf Holz zumeist nicht so gründlich entfernen lassen.

In geräumigen Ställen fühlen sich Hühner besonders wohl

① Futterlager
② Apothekenschrank
③ Futtertrog
④ Sitzstangen mit darunter angebrachtem Kotbrett
⑤ Gerätehalter
⑥ Einstreulager

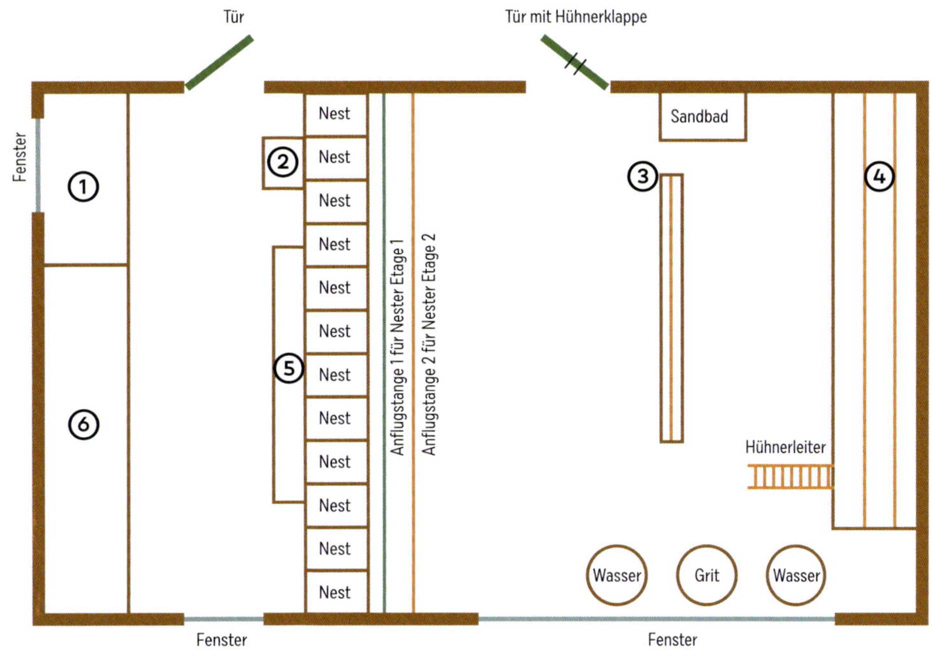

Auch das regelmäßige Entmisten gehört zur Hühnerpflege

Grundsätzlich sollte ein Hühnerstall keine „Dunkelkammer" sein, sondern über ein oder mehrere große Fenster verfügen, durch die viel Tageslicht scheinen kann, das die Tiere sehr mögen. Dabei haben sich kippbare Fenster bewährt, um dadurch besser die Stallinnentemperatur sowie die Luftzufuhr zu regulieren. Um die Temperatur jederzeit im „Blick" zu haben, ist es zweckmäßig, zwei Thermometer, eins im Stall, das andere an der Außenwand anzubringen.

Des Weiteren muss es möglich sein, den Stall nachts so zu verschließen, dass keine Schlupflöcher vorhanden sind, durch die Raubwild, wie Füchse und Marder, eindringen können.

Es ist ein großer Vorteil, wenn der Stall einen Nebenraum besitzt, der nicht nur als Futter-, sondern auch als Einstreulager und zum Deponieren von Utensilien dient, die man zur Bewirtschaftung der Hühner benötigt.

Zu den unverzichtbaren Einrichtungsgegenständen gehören eine oder mehrere abgerundete Sitzstangen (am besten aus robustem Eschenholz).

Diese sollten einen Durchmesser von wenigstens 3 cm aufweisen. Man kann sie ab 50 cm Höhe über dem Boden installieren, wobei 1 m laufende Stange 4–5 Zwergen genügend Platz bietet. 10 cm unter der Sitzstange bringt man ein Brett zum Auffangen des Kotes an.

Des Weiteren sind Nestboxen erforderlich, deren Maße (Breite, Höhe, Tiefe in cm) etwa 30 x 35 x 35 betragen sollten. Diese installiert man vorzugsweise batterieartig nebeneinander und polstert sie beispielsweise mit weichem Heu aus.

Für das „Baden" im Stall genügt eine mit Sand befüllte Kiste, welche die Abmessungen 100 x 60 x 25 cm haben sollte. Dabei bietet es sich an, dem feinen Sand etwa 3 % gut zerriebene Holzkohle unterzumischen, welche als desinfizierender „Puder" wirkt.

Ein geräumiger Legeplatz, in dem es die Hühner beim Eierlegen sehr bequem haben

Ein Futtertrog, an dem sämtliche Hühner gleichzeitig fressen können, sowie ein Tränkgefäß komplettieren das Stallinventar. Zahlreiche Hühnerhalter platzieren diese beiden unverzichtbaren Dinge auf 10–15 cm erhöhten Podesten. Dadurch wird vermieden, dass Futter und Wasser verschmutzt werden, wenn die Zwerge intensiv in der Einstreu scharren. Für die Streu eignen sich gehäckseltes Getreidestroh, nicht zu grobe Hobelspäne oder auch absolut trockenes Falllaub sehr gut. Dagegen haben

Zerriebene Holzkohle ist ein hervorragender „Antiparasitenpuder"

Auch trockenes Falllaub eignet sich gut als Einstreu

sich Sägespäne als dauerhafte Einstreu nicht bewährt, weil beim Scharren kleinste Partikel aufgewirbelt und inhaliert werden, die zuweilen Atemwegserkrankungen hervorrufen.

Empfehlung: Wer den Stallmist als Gartendung verwenden möchte, sollte weder Späne noch Blätter von stark gerbsäurehaltigen Bäumen, wie Eichen, Walnuss oder Erlen, als Einstreu verwenden. Diese bewirken nämlich eine Versauerung des Gartenbodens. Wesentlich vorteilhafter sind beispielsweise die Blätter und Späne von Ahorn, Esche, Linde und den meisten Obstgehölzen.

Hinaus ins Freie

Ähnlich wie die Ställe können auch die Ausläufe recht unterschiedlich konzipiert sein. Dabei sollte man sich von der Prämisse leiten lassen, dass Ausläufe zwar zu klein, aber eigentlich nie zu groß sein können. Im Idealfall sollte jedem Zwerghuhn eine Fläche von 10 m^2 oder mehr zur Verfügung stehen, was jedoch in der Praxis oft nicht realisierbar ist. Allerdings sollte die pro Tier zur Verfügung stehende Fläche nicht unter 2 m^2 liegen.

Eine Möglichkeit der Auslaufgestaltung ist eine Voliere mit einer kompletten (auch oberseitigen) Ummantelung aus engem Maschendraht. Dadurch nimmt man Greifvögeln die Möglichkeit, die Zwerge zu attackieren. Es hat sich bewährt, dass diese Voliere zumindest eine Teilüberdachung aufweist, unter welche sich die Hühner bei

Die Bewegung in großräumigen Volieren ...

... als auch direkt im Grünland fördert das Wohlbefinden und die Gesundheit

Maschendraht wird sehr gern für den Zaunbau verwendet

Die Zaunhöhe hängt vor allem davon ab, ob es sich bei der betreffenden Rasse um gute Flieger handelt

Regen oder zu intensiver Sonneneinstrahlung zurückziehen können.

Eine besonders tierfreundliche Variante stellen Ausläufe mit umfangreichen Grünflächen dar, auf denen die Hühner viel frische pflanzliche Nahrung finden. Wenn dagegen nur wenig Grasland vorhanden ist, besteht die Möglichkeit sich für eine Rasse, beispielsweise Chabos, zu entscheiden, die relativ schonend mit dem verfügbaren Grün umgehen.

Als Einfriedung für größere Ausläufe eignen sich Maschendrahtzäune und Zaunfelder aus Holzlatten sehr gut. Die Höhe des Zauns hängt vor allem von dem Flugvermögen der jeweiligen Rasse ab, die gehalten werden soll.

Für flugunfähige Rassen, wie etwa Seidenzwerghühner, genügt bereits eine Zaunhöhe von 60–80 cm. Für schlechte Flieger, beispielsweise Zwerg-Brahmas, reicht es zumeist, wenn die Zaunhöhe 1,10 m beträgt, während sie für „Meisterflieger" nicht unter 1,80 m liegen sollte.

Im Gegensatz zu den beiden erstgenannten Zaunarten werden Netzzäune von zahlreichen Haltern abgelehnt, weil sich die Hühner darin schnell mit den Füßen und/oder Köpfen verfangen können. Wenn es ihnen dann nicht gelingt, sich schnell zu befreien, geraten sie in Panik, wobei der entstehende Stress auch schnell auf die übrigen Tiere übertragen wird.

Aktivitäten im Freiland wirken sich positiv auf die Gesundheit und das Wohlbefinden der Hühner aus. Deshalb sollte man sie – außer bei einer hohen geschlossenen Schneedecke, Regen oder Schneefall – auch während des Winterhalbjahrs zumindest stundenweise aus dem Stall lassen. Dabei ist es bei stärkerem Frost ratsam, die Kämme und Kehllappen der Zwerge mit

Tendenziell neigen schwerere, voluminösere Rassen weniger zum Fliegen

Holunder ist „hart im Nehmen" und deshalb gut geeignet für einen Hühnergarten

Vaseline einzucremen, um sie vor Erfrierungen zu schützen.

Robuste Gehölze, die sich im Auslauf befinden, fördern ebenfalls das Wohlbefinden der Hühner, indem sie sich positiv auf deren Sicherheitsempfinden auswirken. In diesem Zusammenhang haben sich hochstämmige Obstbäume oft als sehr günstig erwiesen, weil sie von den Hühnern fast nie behelligt werden. Ähnlich verhält es sich mit Gemeinem Hasel, Schwarzem Holunder und Weidenbüschen. Diese Sträucher zeichnen sich durch eine enorme Regenerationsfähigkeit aus und nehmen es den Hühnern nicht allzu „übel", wenn sie sich gelegentlich an ihnen zu schaffen machen.

Familienplanung

Flauschige Küken, die munter piepsend herumlaufen, sind ein Anblick, der die meisten Menschen in Entzücken versetzt. Deshalb verwundert es nicht, dass so mancher Hühnerhalter ebenfalls an einer kompletten oder teilweisen Reproduktion seines Bestandes interessiert ist. Hierfür ist zunächst ein Hahn erforderlich, der sich mit den Hennen paart (der Fachmann sagt auch „die Hühner werden getreten") und dabei die Eier befruchtet.

Bevor es jedoch überhaupt ans Erbrüten der Eier geht, sollte man überlegen, wie viele Küken tatsächlich benötigt werden, beziehungsweise ob entsprechende Abnehmer vorhanden sind.

Das Erbrüten kann auf künstlichem (mittels Brutapparat) oder natürlichem Weg erfolgen (Glucke). Für die meisten Hobbyhalter lohnt sich allerdings die recht kostenintensive Anschaffung eines Brutapparates nicht. Sie sollten besser einen professionellen Züchter bitten, dass dieser in seiner Anlage die Eier mit erbrütet.

Beim Erbrüten mit einer Glucke ist die wichtigste Voraussetzung, dass mindestens eine Henne ein entsprechendes Verhalten zeigt. Ein solches tritt vor allem im Frühjahr auf und äußert sich darin, dass die Hennen

- wesentlich länger auf den Nestern sitzen bleiben,
- ihre Bäuche allmählich federlos werden,
- häufiger als sonst glucksende Laute abgegeben werden,
- die Aggressivität gegen Artgenossen und Menschen zunimmt.

Sollten diese Verhaltensweise auftreten, dann hat es sich bewährt, der Glucke einen separaten Raum beziehungsweise einen abgeschotteten Bereich des Stalls zu überlassen, wo sie ungestört brüten kann. Neben ihren eigenen Eiern kann man der Glucke gegebenenfalls auch die Eier von Artgenossinnen unterschieben. Dabei sollte man beachten, dass die meisten Zwerg-Glucken aufgrund ihrer Größe nur selten in der Lage sind, mehr als 6–7 Eier zu erbrüten.

Die Glucken vieler Zwergrassen können aufgrund ihrer Anatomie oft nur Gelege mit 6–7 Eiern erbrüten

Die Brutzeit beträgt 21 Tage; danach „kämpfen“ sich die Küken aus den Eiern heraus. Bemerkt man, dass einzelne gegen die Eierschale hämmernde Küken zu schwach sind, um diese aufzuschlagen, kann durch vorsichtiges Aufbrechen „Schlupfhilfe“ geleistet werden.

Nach 21 Tagen Brutzeit schlüpft der Nachwuchs

Äußerst beliebt – ein Platz unter der künstlichen Sonne

Fortan erweist sich die Glucke als lebende Wärmequelle, indem sie die Küken bei Kälte unter ihr Gefieder nimmt – dieses Verhalten nennt man Hudern. Gewöhnlich werden die Küken von der Glucke 6–7 Wochen lang betreut, bis sie allmählich das Interesse an ihnen verliert.

Küken, die in einem Apparat erbrütet wurden, benötigen in der Folgezeit eine künstliche Wärmequelle in Form einer guten Wärmeplatte oder -lampe. Derartige Wärmlampen werden ungefähr 40–50 cm über dem Boden installiert. Unter dieser „künstlichen" Glucke halten sich die Küken ausgesprochen gern auf. Mit jeder Lebenswoche reduziert sich das Wärmebedürfnis: In der ersten Lebenswoche benötigen sie eine Umgebungstemperatur von 30–32 °C. Diese wird pro Woche um 2–3 °C gesenkt, bis die Temperatur in der fünften Lebenswoche 18–22 °C beträgt.

Um die Küken „Abzuhärten" sollte man sie bei warmem, trockenem Wetter täglich mindestens eine Stunde ins Freiland lassen.

Nur die Besten

Die ersten Zwerge wird man zumeist als Junghühner oder Küken erwerben. Dabei sollte man sich nicht einfach irgendwelche Tiere verkaufen lassen, sondern diese selbst aus den angebotenen Exemplaren heraussuchen. Ideal ist es, wenn man dabei die Hilfe eines erfahrenen Halters in Anspruch nehmen kann, der einen „Blick" für die besten Tiere hat, beziehungsweise sachdienliche Hinweise zu deren Beurteilung geben kann.

Falls das nicht möglich ist, sollte man vor allem darauf achten, dass die Tiere:

- nicht apathisch sind, sondern sich agil verhalten,
- sich nicht ständig kratzen und jucken,
- keine Verletzungen aufweisen.
- Es darf kein Ausfluss aus Augen und Schnabel treten oder Verklebungen an diesen Körperbereichen vorhanden sein.
- Die Region um die Kloake darf nicht gerötet oder mit Kot verschmiert sein.

Außerdem gilt es daran zu denken, dass bei wenige Tage alten Küken (von ein paar Rassen abgesehen, bei denen man bereits beim Schlupf das Geschlecht anhand der unterschiedlichen Daunenfärbung feststellen kann) nur Spezialisten das Geschlecht anhand der Kloakenöffnung erkennen können. Steht kein solcher Spezialist zu Verfügung, sollte man davon ausgehen, dass sich etwa die Hälfte bis etwa die 2,2-fache Anzahl der Küken zu Hähnen entwickelt. Wer beabsichtig nur einen Hahn mit den künftigen Hennen zu vergesellschaften, muss also mehr Tiere kaufen und später die überzähligen Exemplare wieder abgeben.

Bei Küken, die bereits mit dem Federnschieben begonnen haben, tragen die jungen Hähne ihren Schwanz etwas höher und sind zumeist auch ein wenig größer als die Hühner. Dafür beginnen die jungen Hühner fast immer ein paar Tage früher mit dem Schieben der Federn.

Diese gesunden, vitalen Küken sind wahre Prachtstücke

HÜHNERKRANKHEITEN – LEIDER GIBT ES SIE

Wehret den Anfängen – vorbeugen ist besser als heilen

Die besten Krankheiten sind jene, die gar nicht erst auftreten. Zur Gesunderhaltung des Bestandes kann jeder Hühnerhalter einen aktiven Beitrag leisten, indem er kontinuierlich prophylaktische Maßnahmen durchführt. Dadurch wird die Wahrscheinlichkeit, dass es zum Ausbruch einer Krankheit kommt, erheblich verringert.

Die wichtigste Maßnahme heißt Hygiene, welche eine regelmäßige Reinigung und Desinfektion des Stalls, dessen Inventar sowie aller sonstigen Utensilien umfasst, die für eine artgerechte Pflege erforderlich sind. Ähnlich wie im Stall müssen auch im Auslauf einwandfreie hygienische Zustände herrschen. So sollten auch die dort vorhanden Tränk- und Fressgefäße einer regelmäßigen Reinigung/Desinfektion unterzogen werden. Dabei sind gleichzeitig verdorbene oder überalterte Futterreste zu entfernen.

Als wichtige Krankheitsprophylaxe hat sich auch eine bedarfsgerechte, abwechslungsreiche Fütterung erwiesen, weil sie zur Stärkung des Immunsystems der Hühner beiträgt.

Letztlich sollte man kleinere Riss- oder Schnittwunden, die sich die Hühner zugezogen haben, sofort mit Jodtinktur desinfizieren. Dadurch vermeidet man zumeist, dass sich diese Stellen entzünden und damit möglichen Folgekrankheiten Vorschub geleistet wird.

Die häufigsten Hühnerkrankheiten

Trotz bestmöglicher Pflege und Betreuung der Hühner kann man den Ausbruch von Krankheiten leider nie komplett ausschließen. Falls doch einmal einzelne Tiere oder gar der gesamte Bestand von einer Krankheit heimgesucht werden, hat es sich bewährt, so schnell wie möglich, aber dennoch mit der nötigen Besonnenheit, Gegenmaßnahmen durchzuführen.

Diese bestehen bei leichteren, sicher diagnostizierbaren Erkrankungen darin, unverzüglich eine Behandlung einzuleiten. Dagegen sollte man bei nicht diagnostizierbaren und bei schweren Erkrankungen immer einen Tierarzt zu Rate ziehen und keinesfalls nach der Methode „Versuch und Irrtum“ selbst herumdoktern.

Auf der folgenden Doppelseite findet sich ein Kurzüberblick zu einigen besonders gefährlichen Hühnerkrankheiten.

Rechtliche Aspekte rund um das Huhn

Bevor man in die praktische Hühnerhaltung einsteigt, ist es äußerst empfehlenswert, sich zumindest grob mit folgenden gesetzlichen Grundlagen in den jeweils aktuellen Fassungen vertraut zu machen, um mögliche Probleme weitgehend zu vermeiden (die Textfassungen findet man im Internet).

- Tierschutzgesetz
- Gesetz zur Verbesserung der Rechtsstellung des Tieres im bürgerlichen Recht
- Tierschutz-Nutztierhaltungsverordnung
- Tierschutztransport-Verordnung
- Tierseuchengesetz
- Verordnung über besondere Schutzmaßregeln in kleinen Geflügelhaltungen

In der letztgenannten Verordnung ist unter anderem auch geregelt, dass für Hühner eine gesetzliche Impfpflicht gegen die Newcastle-Krankheit besteht. Die Chargen, in denen der Impfstoff vertrieben wird, sind aber zumeist so groß, dass die einzelnen Halter nur einen Bruchteil davon benötigen. Um Kosten zu sparen, bietet es sich oft an, eine solche Charge gemeinsam mit anderen Haltern zu erwerben und anschließend zu teilen.

Darüber hinaus ist es ratsam, sich bei der Tierseuchenkasse des jeweiligen Bundeslandes zu erkundigen, ab wie vielen Tieren es Pflicht ist, eine entsprechende Versicherung abzuschließen.

Atypische Geflügelpest oder Newcastle-Krankheit

Sie äußert sich in Appetitlosigkeit, Schläfrigkeit und Teilnahmslosigkeit; Kamm und Kehllappen verfärben sich blau; die Hühner sträuben ihr Gefieder und hocken mit geschlossenen Augen in den dunklen Bereichen des Stalls; Ausfluss tritt aus Schnabel, Nase und Augen; die Hühner zeigen außerdem unmotiviertes Kopfschütteln, Atemnot, setzen grünlichen Durchfall ab und es setzen teilweise Lähmungserscheinungen ein; nach 5 Tagen tritt der Tod ein. Es handelt sich um eine anzeigepflichtige Viruserkrankung, die immer tödlich endet. Es ist jedoch eine prophylaktische Impfung möglich.

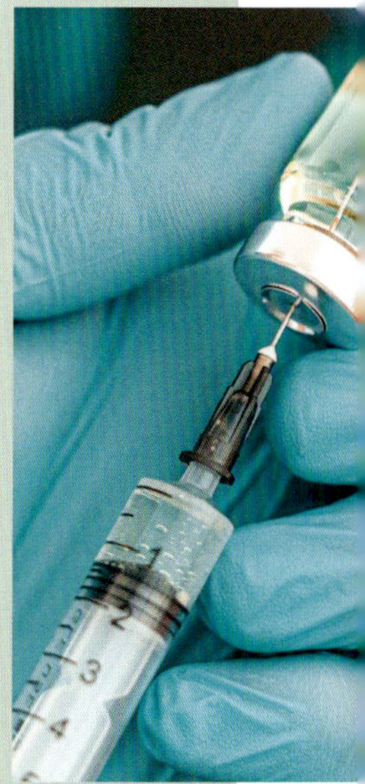

Geflügelpest

Ähnelt in ihren Symptomen der Newcastle-Krankheit und wird umgangssprachlich auch als Vogelgrippe bezeichnet. Geflügelpest äußert sich in Teilnahmslosigkeit, blauroten Verfärbungen an Kamm und Kehllappen, Bindehautentzündung; rötlichgrauer Schleim tritt aus dem Schnabel; Durchfall; Schwellungen am Kopf und Hals; Atemnot und Röcheln; Lähmungserscheinungen. Es handelt sich um eine durch Viren verursachte anzeigepflichtige Tierseuche, bei der keine Heilungschance besteht. Nach Ausbruch endet die Krankheit tödlich. Es ist jedoch ebenfalls eine prophylaktische Impfung möglich.

Federling-Befall:

Verursacher sind Kieferläuse, die sich von Hautschuppen sowie Federteilen ernähren. Die Hühner putzen sich fast unaufhörlich, nehmen sehr oft Sandbäder, verringern ihre Legeleistung erheblich und zeigen allgemeines Unwohlsein. An Federschäften und rund um die Kloake erkennt man mit einer Lupe die stecknadelkopfähnlichen Parasiteneier der Kieferläuse.

Gegenmaßnahmen: Mehrmaliges Einsprühen der Hühner mit Teebaumöl, das 1 : 10 mit Wasser gemischt wird, sowie die Erneuerung des Sandes im „Badebereich".

Kalkbeinmilben-Befall

An den Beinen werden Schwellungen und Entzündungen sichtbar, wodurch sich die Schuppen abheben. Durch die eingenisteten Milben sehen die Beine aus, als hätten sie einen krustenartigen Kalküberzug.

Gegenmaßnahmen: Den Stall gründlich desinfizieren. Die Beine der Hühner zuerst mit Glycerin und danach mit Kalkbeinsalbe eincremen.

Befall durch Rote Vogelmilben
Die Hühner kratzen sich unaufhörlich und weisen Entzündungen und Verkrustungen der Haut sowie Schwellungen an den Beinen auf; rapider Abfall der Legeleistung. Zur sicheren Diagnose hängt man nachts weiße Plastiktüten unter die Sitzstangen. Befinden sich am Morgen graue, rote oder schwärzliche „Pünktchen" darin, handelt es sich um Milben.

Gegenmaßnahmen: Stall entmisten und desinfizieren; Wände frisch kalken, Nester, Sandkiste und Sitzstangen erneuern und diese mit Pflanzenöl bestreichen, um den Milben keine Verstecke zu bieten; Behandlung der Hühner mit pulverförmigen Akariziden.

Rote Kükenruhr: Die Küken erkranken im Alter von 6–8 Wochen. Verursacher ist der Erreger *Eimeria tenella*, der von den Alttieren übertragen wird, ohne dass diese erkranken. Krankheitsanzeichen sind Appetitlosigkeit, Abmagerung, Teilnahmslosigkeit, blutiger Durchfall und hohe Sterblichkeitsraten.

Gegenmaßnahmen: Behandlung mit Amprolium und unterstützend mit Multivitaminpräparaten. Kohlensäurefreies Mineralwasser als Tränke anbieten, welches den Elektrolythaushalt der Küken positiv unterstützt.

Ständiges aggressives Picken: Artgenossen werden fast dauerhaft mit Schnabelhieben traktiert, die sich gegen deren gesamten Körper richten. Auslöser sind oft Stress, zu enge Haltungsbedingungen, ein zu warmer und/oder schlecht belüfteter Stall, fehlende/zu wenig Einstreu, ungünstige Futterzusammensetzung.

Gegenmaßnahmen: Die Ursachen beseitigen und gegebenenfalls die aggressiven Hühner aus dem Bestand entfernen.

Schwarzkopfkrankheit: Sie wird auch als Histomoniasis bezeichnet und äußert sich in teilnahmslosem Verhalten, geschlossenen Augen, stelzbeinigem Gang, Atembeschwerden, schleimigem Durchfall und manchmal – aber nicht immer – in einem geschwärzten Kamm und schwarz gefärbter Kopfhaut. Verursacher ist der Einzeller *Histomonas meleagridis*, welcher seinerseits durch Magen-Darm-Würmer übertragen wird.

Gegenmaßnahmen: Prophylaktisch als auch nach Ausbruch mit Entwurmungsmitteln bekämpfen.

DARFS EIN EI MEHR SEIN?

Ein Meisterwerk der Natur

Philosophisch betrachtet, stellt die Frage, ob das Ei oder die Henne zuerst da war einen nicht enden wollenden Diskussionsstoff dar. Aus biologischer Sicht war zuerst das Ei da, aus dem eine Henne schlüpfte. Wie ist nun ein solches Ei aufgebaut, welches die Basis für ein Hühnerleben sein kann und sich zugleich als Meisterwerk der Natur erweist? Ganz grob gliedert sich das Ei in Schale, Dotter und Eiklar.

Umgangssprachlich wird das Eiklar oft als Eiweiß bezeichnet, obwohl das streng genommen nicht richtig ist. Das mengenmäßige Verhältnis zwischen diesen drei Bestandteilen beträgt rund 10 : 30 : 60 %.

Die Färbung der Eierschale variiert in Abhängigkeit von der Rasse von rein weiß über cremefarben, gelblich, hell-türkis, zart-grün bis zu unterschiedlichen Brauntönen.

In diesem Zusammenhang sei darauf hingewiesen, dass sich hartnäckig das Gerücht hält, dass die Schalenfärbung die Qualität und den Geschmack des Eies beeinflusst, was jedoch nicht stimmt.

Auf der äußeren Eierschale befindet sich die Kutikula, bei der es sich um eine mit bloßem Auge nicht wahrnehmbare Schutzschicht handelt. Sie verhindert längere Zeit das Eindringen von Keimen und Bakterien in das Innere des Eies. Durch lange Sonneneinstrahlung, hohe Luftfeuchtigkeit und stark wechselnde Temperaturen geht diese Schutzwirkung allmählich verloren.

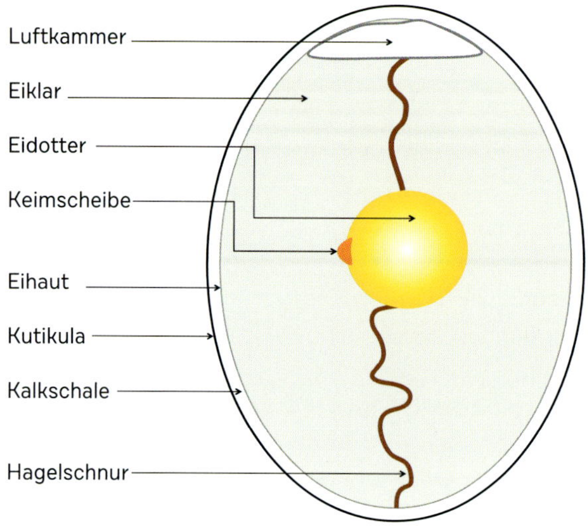

Bereit zum Absammeln – ein Nest mit vier Eiern

Dagegen bleibt sie bei gleichmäßigen kühlen Umweltbedingungen, beispielsweise bei der Lagerung im Kühlschrank, deutlich länger erhalten.

Die innere Schale wird komplett von der membranähnlichen, dünnen Eihaut überzogen. Unter dem stumpfen Schalenende befindet sich eine Luftkammer, deren Funktion darin besteht, das Küken während des letzten Abschnitts seiner Entwicklungsphase mit Atemluft zu versorgen.

Im Inneren des Eies befindet sich zentral der kugelförmige Dotter. Er stellt ein mit Nährstoffen und Vitaminen gefülltes Depot dar und wird von einem dünnen, als Dottermembran bezeichnetes, Häutchen umgeben. Am Rand des Dotters befindet sich eine kleine flächige, als Keimscheibe bezeichnete, Struktur, an der nach der Befruchtung die Entwicklung des Kükenembryos beginnt. Zwei fixierende Hagelschnüre sorgen dafür, dass der Dotter in seiner zentralen Position bleibt und nicht im Ei „herumwandert". Die Farbe des Eidotters wird im Wesentlichen durch die aufgenommene Nahrung bestimmt. Befinden sich in dieser beispielsweise zahlreiche Karotinoide (das sind natürliche Farbstoffe, die gelbe bis rötliche Farbtöne verursachen), erhält der

Dotter eine kräftigere Färbung. Genau wie die Färbung der Eierschale hat auch die Intensität der Dotterfärbung keinen Einfluss auf den Geschmack der Eier.

Das Eiklar fungiert für den Dotter als eine Art natürlicher Stoßdämpfer und wirkt außerdem bakterienhemmend. Er besteht zu etwa 90 % aus Wasser und zu 10 % aus Eiweißverbindungen.

Der lange Weg eines Eies

Ihren Anfang nehmen die Eier im Eierstock, den nur die Hennen besitzen. In diesem entwickeln sich in 24–48-stündigen Abständen aus mikroskopisch kleinen Eizellen Dotterkugeln. Nachdem diese stark an Volumen zugenommen haben, platzen sie auf und wandern in den Eileiter. Hier bildet sich zunächst eine Haut um den Dotter.

Anschließend lagert sich das in speziellen Drüsen produzierte Eiklar um den Dotter. Vom Eileiter gelangt das unfertige Ei in die Kalkkammer, wo es in den nächsten 17 Stunden mit der hauptsächlich aus Kalk bestehenden Schale umgeben wird. Zum Abschluss des Entstehungsprozesses wird jedes Ei mit der Kutikula überzogen.

Von der Kalkkammer gelangt das nun fertige Ei zur Kloake, welche das Huhn während des eigentlichen Legeprozesses nach außen stülpt und auf diese Weise den Weg zum Austritt freimacht.

Die besten Jahre

Manche Quellen geben an, dass Hühner ein fast schon biblisches Alter von 50 Jahren erreichen können. Für das normale „Durchschnittshuhn" ist dieser Wert aber extrem hoch gegriffen, denn dessen Lebenserwartung liegt zwischen fünf und zehn Jahren.

In Abhängigkeit von der Rasse schwankt dabei das Erstlegealter zwischen dem vollendeten 4. und 7. Lebensmonat. Allerdings ist die Zahl der gelegten Eier weder im Rhythmus eines Jahres noch während des gesamten Lebens gleichbleibend. Die höchste Legeleistung ist im ersten Legejahr zu verzeichnen. Ab dem zweiten Jahr sinkt die Zahl der Eier, je nach Rasse, um durchschnittlich 10–20 Stück ab. Dieser Trend setzt sich in den nachfolgenden Jahren weiter fort. Aus diesem Grund tauschen manche Hühnerhalter ihre Tiere nach dem zweiten Legejahr gegen junge Exemplare. Wer das nicht möchte, sollte dann jedoch keine allzu hohen Erwartungen mehr an seine Zwerge haben.

Viele Halter erneuern ihren Hühnerbestand nach 2 spätestens 3 Jahren

Ganz allgemein wird die Legebereitschaft neben der Zusammensetzung des Futters vor allem durch die Tageslichtlänge beeinflusst. Diese stimuliert die verstärkte Ausschüttung von Hormonen, welche die Hennen in „Legestimmung" versetzen. Deshalb legen Hühner im Frühjahr, wenn die Tage immer länger werden, besonders zuverlässig. An diese intensive Legephase schließt sich die Mauser an, die idealerweise zwischen Spätsommer und Frühherbst beginnt. Während dieser Zeit sinkt bei den Hühnern die Legebereitschaft entweder enorm ab oder wird sogar gänzlich eingestellt. Wenn nach der Mauser die kalte Jahreszeit beginnt, sinken auch die Tageslichtlängen, weshalb dann die Legeleistung bei vielen Rassen niedriger als im Frühjahr ist.

Testobjekt Ei

Es kann vorkommen, dass die Hühner zwischen dichten Sträuchern oder im hohen Gras ein „wildes Nest" errichten und darin mehrere Eier ablegen.

Wenn man ein solches Nest entdeckt, weiß man normalerweise nicht, wie alt die darin befindlichen Eier sind. Um deren Alter einigermaßen genau zu ermitteln, existieren mehrere Methoden, die sich schon seit langer Zeit bewährt haben. Bei einer dieser Methoden werden die Eier in ein durchsichtiges Gefäß gegeben, welches klares Wasser enthält. Sinken die Eier zu Boden und bleiben dort horizontal liegen, sind sie sehr frisch.

Dagegen haben sich in Eiern, die eine Woche oder älter sind, allmählich größere

Ein stark gewölbter Dotter – Merkmal eines sehr frischen Eies

Luftkammern gebildet. Diese bewirken, dass sich aufgrund des jetzt stärker vorhandenen Auftriebs ein Eiende ein wenig anhebt. Bei 2–4 Wochen alten Eiern haben sich die Luftkammern noch weiter vergrößert. Dadurch „stehen" diese Eier, ein Ende nach oben gerichtet, vertikal am Boden des Gefäßes. Eier die noch älter sind, schweben sogar zur Wasseroberfläche empor. Derartiger Eier sollte man nicht mehr für Ernährungszwecke verwenden.

Eine andere Möglichkeit zum Testen des Frischegrades besteht darin, das Ei aufzuschlagen und den Inhalt auf einen Teller oder eine Flache Schale zu geben.

Anschließend inspiziert man das Eiklar und den Dotter. Letzterer ist bei frischen Eiern nach oben gewölbt, weil das Eiklar einen stabilen Ring um diesen bildet. Mit fortschreitender Zeit geht diese stabilisierende Eigenschaft immer mehr verloren, wodurch der Dotter zusehends flacher wird. Wenn

Eiklar und Dotter ineinander verlaufen sind, ist das Ei extrem alt und möglicherweise schon verdorben.

Bei der dritten Möglichkeit schüttelt man die Eier leicht und hält diese dabei dicht ans Ohr. Bei frischen Eiern sind in der Regel kaum Geräusche zu hören. Dagegen geben alte Eier leicht glucksende Laute von sich.

Manchmal passiert es im Haushalt, dass man versehentlich Eier zusammengelegt hat und nicht mehr weiß, welche die rohen und welche die gekochten sind. Dann hilft ein einfacher Trick. Man legt die Eier auf eine glatte Unterlage und lässt sie anschließend rotieren. Rohe Eier drehen sich langsam, weil ihr „Innenleben“ dabei hin und her schwappt. Bei (hart-) gekochten Eiern, ist das „Innenleben“ weitgehend stabilisiert, weshalb die rotierenden Bewegungen dann schneller vonstattengehen.

Übrigens: Kinder werden fast immer in Erstaunen versetzt, wenn man ihnen vorführt, dass das fragile Ei einen gleichmäßigen Druck hervorragend aushält. Dazu nimmt man ein rohes Ei an den Enden zwischen Daumen und Zeigefinger und versucht es zu zerdrücken. Das gelingt jedoch trotz äußerster Kraftanstrengung niemals.

DIE QUAL DER WAHL

Wie bereits erwähnt, existiert eine große Anzahl an Zwergrassen und -formen. Um die Entscheidung für diese oder jene Rasse/Form etwas zu erleichtern, werden in diesem Kapitel 20 „Zwerge" inklusive ihrer wichtigsten Eigenschaften und Merkmale vorgestellt.

Bantam

Bei diesen Hühnern handelt es sich um Urzwerge. Ihre Rassebezeichnung rührt möglicherweise von dem früheren Namen der Provinz Banten her, die sich auf Java befindet. Die Hähne werden bis 600 g schwer, die Hennen wiegen 500 g. Sie legen durchschnittlich 90 Eier pro Jahr, deren Gewichte zwischen 27 und 32 g betragen. Als Mütter führen sie ihre Küken sehr zuverlässig.

Die Bantams gehören weltweit zu den beliebtesten Zwergen und werden in zahlreichen Farbschlägen gezüchtet, deren Spektrum sich von Weiß über Gelb, Blau-Gesäumt, Gesperbert, Wildfarbig, Goldhalsig, Blau-Goldhalsig, Silberhalsig, Orangehalsig, Weiß-Schwarzcolumbia, Gelb-Schwarzcolumbia, Birkenfarbig, Schwarz-Weißgescheckt, Schwarz, Gold-Porzellanfarbig sowie Zitron-Pozellanfarbig bis zu Gelb mit weißen Tupfen erstreckt.

Rassetypisch sind der dornartig endende Rosenkamm, die mittelgroßen Kehllappen und eine große weiße Ohrscheibe. Die Hähne verhalten sich sehr temperament-

voll und agieren gegenüber Kontrahenten oft aggressiv. Außerdem üben sie sich häufig in lautem Krähen.

Mit Grasflächen gehen sie alles andere als vorsichtig um. Vielmehr scharren die quirligen Bantam, ihrem Futtersuchtrieb folgend, häufig im Boden.

Chabo

Die Chabos gehören ebenfalls zu den Urzwergen und erfreuen sich einer großen Beliebtheit. Sie sind auch als Japanische Zwerghühner bekannt, wobei diese Bezeichnung mitunter zu Irritationen führt. Ursprünglich wurden diese Tiere nämlich nur in China gehalten. Von dort gelangten einige Exemplare nach Japan, wo ein letzter züchterischer „Feinschliff" erfolgte. Die Hähne, die untereinander recht verträglich sind, werden bis zu 700 g schwer. Hennen wiegen rund 100 g weniger und legen pro Jahr bis zu 80 Eier.

Es gibt über zwanzig Farbschläge. Bei vielen Haltern stehen Exemplare mit fast riesig anmutenden Kämmen und großen Kehllappen besonders hoch im Kurs. Weitere Merkmale sind die kurzen Beine und die beinah senkrecht nach oben ragenden Schwanzfedern. Die Hennen haben sich als gute Brüterinnen und Mütter erwiesen, wobei sich auch die Hähne mit um die Küken kümmern. Außerdem lassen sich Chabos leicht zähmen und werden extrem zutraulich.

Im Vergleich zu vielen anderen (Zwerg-) Hühnern scharren Chabos nur selten im Boden, weshalb man die Grasnarbe im Auslauf oft erhalten kann. Leider weist das Erbgut der Chabos sogenannte Letalfaktoren auf, die bewirken, dass immer ein Teil der Küken bereits in den Eiern stirbt.

Deutsches Zwerg-Lachshuhn

Diese Hühner werden auch als Zwerg-Faverolles bezeichnet und entstanden vor rund 100 Jahren, indem man ein sehr klein geratenen Lachshuhn-Hahn mit Federfüßigen Zwergen und Zwerg-Brahmas kreuzte. Die Hähne wiegen 1300 g und die Hennen 1100 g. Sie sind hervorragende Glucken und Mütter, die pro Jahr 130–140 Eier legen, deren Einzelgewichte etwa 40 g betragen.

Ein großer Vorteil der Zwerg-Lachshühner besteht darin, dass sich bereits bei wenige Tage alten Küken das Geschlecht anhand der Gefiederfärbung bestimmen lässt. Während sich das Flügelgefieder (außer bei dem Farbschlag Schwarz) der weiblichen Küken braun-grau-weiß einfärbt, zeigt es bei den Hahnenküken einen hohen Schwarzanteil. Bei den erwachsenen Tieren unterscheidet man die Farbschläge Lachsfarbig, Schwarz, Weiß, Weiß-Schwarzcolumbia.

Zwerg-Lachshühner besitzen einen kompakten Körperbau, Fußfedern, einen tiefgezackten Einzelkamm und rückgebildete Kehllappen, die von einem dichten Federbart überdeckt werden. Diese Zwerge bewegen sich eher gemächlich und sind weder aggressiv noch gute Flieger. Dafür lassen sie sich leicht zähmen und werden häufig so zutraulich, dass sie zu vertrauten Personen des Öfteren regelrecht zum Kuscheln kommen.

Federfüßiges Zwerghuhn

Auch die Federfüßigen Zwerghühner gehören zu den Urzwergen. Sie sind eng mit den Chabos verwandt und stehen diesen im Beliebtheitsgrad in nichts nach. Federfüßige Zwerghühner werden, wenn auch oft nicht reinrassig, seit mehreren hundert Jahren in Europa gehalten.

Die Hähne können ein Gewicht von 750 g erreichen, womit sie rund 100 g schwerer werden als die Hennen. Neben den stark befiederten Beinen, von denen sich die Rassebezeichnung ableitet, stellen eine breite Brust sowie mittelgroße Kämme und Kehllappen rassetypische Merkmale dar. Im Vergleich zu anderen Rassen haben Federfüßige Zwerge einen geringeren Bewegungsdrang. Sie gelten als gut verträglich, leicht zähmbar und sehr robust, weshalb sie ideale Anfängertiere darstellen.

Die Hennen sind sehr gute Brüterinnen, führen ihre Küken vorbildlich und legen bis zu 120 Eier pro Jahr. Bei der Haltung auf Grünland sollte man darauf achten, dass dieses stets kurz gemäht ist. Ansonsten besteht die Gefahr, dass die Federfüßigen Zwerge in dichten Grashorsten mit ihren Beingefieder hängenbleiben und dabei Federn ausbrechen. Um ein Durchnässen des Beingefieders zu vermeiden, sollte man diese Zwerge auch nie im Schnee „herumwaten“ lassen.

Holländer-Zwerghaubenhuhn

Die Zwerg-Holländer, die ein sehr edles Aussehen zeigen, gibt es seit gut 100 Jahren. Ihr Kopf wird von einer dichten Federhaube geziert. Die Hähne erreichen ein Gewicht von 900 g und besitzen sehr große Kehllappen. Ein Bruttrieb ist bei den 800 g wiegenden Hennen, die ebenfalls eine sehr ausgeprägte Haube besitzen, nur schwach vorhanden. Sie legen pro Jahre etwa 80–100 rund 35 g schwere Eier.

Zwerg-Holländer gelten als Pfleglinge, die hohe Ansprüche stellen. So ist es vor allem notwendig, die Federhauben dieser Hühner regelmäßig zu kontrollieren, damit sich keine Parasiten darin einnisten. Außerdem neigen die weißen Hauben zum Vergilben, wenn die Tiere einer zu starken/zu häufigen Sonneneinstrahlung ausgesetzt werden. Es existieren folgende Farbschläge: Schwarzhauben-Weiß, Weißhauben-Blau-Gesäumt, Weißhauben-Gelb, Weißhauben-Gesperbert, Weißhauben-Schwarz, Weißhauben-Schwarz-Weißgescheckt, Weißhauben-Weiß.

Es handelt sich um sehr ruhige, leicht zähmbare Tiere. Bei Regenwetter sollten sie allerdings entweder im Stall oder in einer überdachten Voliere bleiben. Sonst besteht die akute Gefahr, dass die Hauben stark durchnässen und den Hühnern die Sicht nehmen.

Sebright

Ihr gegenwärtiges Erscheinungsbild verdanken die zu den Urzwergen zählenden Hühner dem britischen Züchter, John Sebright, der die Rasse um 1800 konsolidierte. Obwohl es Vermutungen gibt, konnte man bis heute nicht eindeutig klären, welche anderen Zwergrassen das züchterische Ausgangsmaterial für die Sebrights lieferten.

Die Hähne werden bis zu 600 g schwer, während die Hennen nur 450–500 g wiegen. Sebrights besitzen einen gedrungenen Rumpf, eine stark gewölbte Brust, einen Rosenkamm und mittelgroße Kehllappen. Aufgrund ihrer herrlichen Gefiederzeichnungen werden die Sebrigths als „Schönheitshühner“ angesehen.

Sebright sind neugierig, vertragen sich gut und haben ein hohes Wärmebedürfnis. Außerdem handelt es sich bei ihnen um recht eifrige Flieger. Trotz ihrer hohen Agilität lassen sie sich gut zähmen. Im Vergleich zu zahlreichen anderen Rassen krähen die Hähne verhältnismäßig leise.

Ein Nachteil der Sebright ist ihre außerordentlich hohe Anfälligkeit für die Mareksche Lähme. Gegenwärtig besteht nach dem Ausbruch noch keine Möglichkeit zur erfolgreichen Behandlung, weshalb die Mareksche Lähme immer tödlich endet. Man kann jedoch die Küken prophylaktisch impfen lassen.

Serama

Die Seramas, die auf den ersten Blick den Chabos ähneln, aber proportional zum Körper längere Beine haben, sind die Zwerge unter den Zwergen. Sie werden nur 15–25 cm groß und die Gewichte der Hähne liegen zwischen 225–600 g, während die Hennen nur 170–525 g wiegen.

Sowohl der Einzelkamm als auch die Kehllappen sind sehr groß. Insbesondere die Hähne zeigen sich sehr oft in stolzer Pose mit stark herausgedrückter Brust. Trotzdem sind die sehr neugierigen Seramas keine „arroganten" oder gar „launischen" Hühner. Im Gegenteil, sie lassen sich leicht zähmen und werden zumeist sehr anhänglich. Außerdem vertragen sich die Seramas untereinander sehr gut und verhalten sich auch zu anderem Geflügel ausgesprochen friedlich.

Klassische Farbschläge, wie sie von anderen Zwergen bekannt sind, gibt es bei den Seramas nicht. Stattdessen existiert ein kaum zu überschauender Variantenreichtum an Gefiederfärbungen, auf dessen Basis man aber nicht zwangsläufig auf die Farbe(n) der Vorfahren schließen kann. In den letzten Jahren hat man aber damit begonnen, Ordnung in diese Farben zu bringen und erstmalig Exemplare mit rein weißem Gefieder als Farbschlag züchterisch konsolidiert.

Zwerg-Barnevelder

Zwerg-Barnevelder entstanden, indem Barnevelder mit Zwerg-Rhodeländern, Zwerg-Wyandotten und mit Zwerg-Langschans verpaart wurden. Später kreuzte man noch Indische Kämpfer ein. Die Hähne wiegen 1200 g und die Hennen rund 1000 g. Sie legen pro Jahr bis zu 140 Eier, die ein Gewicht von etwa 40 g haben.

Die zumeist ziemlich neugierigen Zwerg-Barnevelder besitzen eine breite Brust und einen relativ kurzen Rumpf. Der Einzelkamm ist tief gezackt und die Kehllappen sind mittelgroß.

Zwerg-Barnevelder gibt es in den Farbschlägen Schwarz, Weiß, Dunkelbraun, Kennfarbig, Siber-Schwarz-Doppeltgesäumt und Blau-Doppeltgesäumt.

Aufgrund ihrer Robustheit und weitgehenden Anspruchslosigkeit eignen sich die Zwerg-Barnevelder, die wenig Fluginteresse zeigen, hervorragend als „Einsteiger-Hühner". Darüber hinaus haben diese Zwerge, die gut Kälte tolerieren, ein neugieriges, jedoch nicht hektisches Wesen. Sie lassen sich gut zähmen und werden schnell zutraulich.

Untereinander verhalten sich diese Zwerge recht friedlich. Allerdings handelt es sich bei den Hennen um keine begeisterten Brüterinnen. Aber wenn sie sich zur Brut entschlossen haben, kümmern sie sich anschließend recht zuverlässig um die Küken.

Zwerg-Brahma

Nachdem der Brite Entwisle 1887 erste züchterische Vorarbeiten geleistet hatte, Brahmas zu verzwergen, schaffte der Deutsche Neubert 1889 schließlich den Durchbruch. Als züchterisches Ausgangsmaterial dienten Zwerg-Asils, Zwerg-Cochins, Federfüßige Zwerge, Seidenhühner und Brahmas. Gegenwärtig gehören die Zwerg-Brahmas zu den sehr populären Zwerghuhn-Vertretern. Es gibt sie in den Farbschlägen Blau-Rebhuhnfarbig-Gebändert, Gelb-Blaucolumbia, Gelb-Schwarzcolumbia, Rebhuhnfarbig-Gebändert, Silberfarbig-Gebändert, Weiß-Blaucolumbia und Weiß-Schwarzcolumbia.

Die Hähne können bis zu 1400 g schwer werden und auch die Hennen erreichen ein für Zwerghühner stattliches Gewicht von 1100–1300 g. Die jährliche Legeleistung beträgt 80 Eier, die 35–38 g wiegen. Zwerg-Brahma-Hennen haben sich als sehr gute Mütter erwiesen.

Zu den typischen Merkmalen gehören ein kräftiger, voluminöser Körper mit breiter Brust sowie stark befiederte Beine. Des Weiteren sind ein Erbsenkamm und kleine Kehllappen charakteristisch. Die Neigung zum Fliegen ist, wie bei den (großen) Brahmas, gering ausgeprägt. Zwerg-Brahmas zeichnen sich durch ein nervenstarkes, ruhiges Wesen aus. Sie lassen sich leicht zähmen und werden sehr zutraulich.

Zwerg-Cochin

Zwerg-Cochin, früher als Peking-Bantams bezeichnet, verkörpern eine sehr alte, zu den Urzwergen gehörende, Rasse. Es gab sie bereits lange vor ihren großen Namensvettern (den Cochins), mit denen sie nur wenige Gemeinsamkeiten haben.

Die Hähne wiegen bis zu 850 g und die Hennen 750 g. Sie sind gute Glucken und legen jährlich etwa 80 Eier, die 33–38 g schwer sind.

Zwerg-Cochins haben einen gezackten Einzelkamm und schmale Kehllappen. Der bis zu den Zehen befiederte Körper wirkt sehr kräftig und kompakt.

Neben glattfiedrigen Zuchtlinien existieren auch gelockte Varianten. Diese Lockungen entstehen dadurch, dass die Deckfedern gedreht wurden. Zwerg-Cochin gibt es in mehr als 50 Gefiederfärbungen, deren Spektrum sich unter anderem von Weiß, über Gelb, Rot, Goldhalsig, Birkenfarbig, Gelb-Schwarzcolumbia, Silber-Weizenfarbig, Gold-Porzellanfarbig bis zu Schwarz erstreckt.

Zwerg-Cochins sind ruhige, leicht zu zähmende Tiere, die nicht sonderlich gut fliegen können. Sowohl im Stall als auch im Auslauf muss es sehr sauber sein, weil sonst das tiefstehende Gefieder schnell zu Verklebungen neigt. Aus diesem Grund sollten diese Zwerge bei Regenwetter im Stall bleiben oder nur in eine überdachte Voliere gelassen werden.

Zwerg-Houdan

In England verpaarte man zunächst Houdans mit Zwerg-Anconas und Zwerg-Sussex. Zur weiteren Veredlung dieser Hühner kreuzte man in Deutschland zusätzlich Zwerg-Paduaner ein. Die Hähne werden 1100 g schwer, die Hennen wiegen 900 g und legen jährlich bis zu 110 Eier, die je 33–40 g wiegen. Der Bruttrieb ist bei den Hennen nur sehr schwach ausgeprägt.

Zwerg-Houdans gehören in die Kategorie der Haubenhühner und besitzen einen im hinteren Teil nicht verwachsenen Becherkamm (diese spezielle Form wird auch als Schmetterlingskamm bezeichnet) sowie sehr kleine Kehllappen. Rassetypisch ist neben der Federhaube ein kleiner Federbart. Vor allem das Kopfgefieder sollte regelmäßigen Gesundheitskontrollen unterzogen werden, damit sich keine Parasiten darin einnisten. Außerdem sollten die Zwerg-Houdan bei Regen im Stall oder in einer überdachten Voliere bleiben, um die schmückenden Federn zu schützen. Das Spektrum der Farbschläge umfasst nur Gesperbert, Perlgrau, Schwarz, Schwarz-Weißgescheckt und Weiß.

Die Zwerg-Houdans haben ein ruhiges Wesen und sind recht kälteempfindlich. Gleichzeitig zeigen sie nur mäßiges Interesse am Fliegen und lassen sich leicht zähmen. Danach werden sie oftmals sehr anhänglich.

Zwerg-Nackthalshuhn

Die züchterische Wiege der Zwerg-Nackthalshühner stand in Deutschland, wo man sie aus großen Nackthalshühnern und verschiedenen Zwergrassen kreuzte. Die Hähne können ein Gewicht von 1100 g erreichen, während die Hennen 200 g leichter sind. Spitzentiere legen pro Jahr bis zu 120 Eier, die durchschnittlich 30 g wiegen.

Nackthals-Zwerge besitzen entweder Einzel- oder Rosenkämme und lange Kehllappen. Es existieren zwei Grundtypen von Nackthalszwergen: der siebenbürgische und der französische. Während beim ersten Typ der leuchtend rote Hals völlig nackt ist, hat der französische eine kleine, auch als Lätzchen bezeichnete, (Feder-) Krawatte. Zwerg-Nackthalshühner gibt es in den Farbschlägen Blau-Gesäumt, Braun, Braun-Porzellanfarbig, Gelb, Gesperbert, Mahagonifarbig, Rebhuhnfarbig, Rot, Schwarz, Schwarz-Weißgeflockt sowie Weiß.

Es handelt sich um eine robuste, sehr anpassungsfähige Rasse, die leicht zahm wird und überdurchschnittlich oft in Brutstimmung kommt (das geschieht noch häufiger als bei den ohnehin schon brutfreudigen großen Nackt-Halshühnern). Allerdings ist es den Zwerg-Nackthalshennen aufgrund ihrer geringeren Befiederung kaum möglich, mehr als 5–6 Eier zu erbrüten.

Zwerg-Orpington

Diese Hühner entstanden, indem Orpingtons mit Bantams und Zwerg-Cochins verpaart wurden. Zur weiteren Veredlung kreuzte man später Zwerg-Langschans ein. Mit ihrem kompakten Erscheinungsbild ähneln sie stark den Zwerg-Cochins. Allerdings sind Cochins deutlich leichter, denn bei den Zwerg-Orpingtons bringen die Hähne 1500 g und Hennen 1300 g auf die Waage. Damit stellen diese Zwerghühner in gewisser Weise ein Bindeglied zu den Großrassen dar. Die Legeleistung der Hennen beträgt 105–120 Eier pro Jahr, deren Einzelgewichte etwa 40 g betragen.

Typisch sind ein fast flauschig anmutendes Gefieder, ein gezackter Einzelkamm, große Kehllappen und ein unauffälliger weißer Ohrfleck. Der Körper ruht auf sehr kurzen, jedoch kräftigen Beinen. Bisher existieren Zwerg-Orpingtons in den Farbschlägen Gelb, Rot, Schwarz, Weiß, Blau-Gesäumt, Birkenfarbig, Gelb-Schwarzcolumbia, Gelb-Schwarzgesäumt, Schwarz-Weißgescheckt, Braun-Porzellanfarbig und Schokoladenfarbig.

Zwerg-Orpington haben ein ruhiges zutrauliches Wesen, weshalb man sie leicht zähmen kann. Außerdem neigen sie kaum zum Fliegen und weisen eine hohe Kältetoleranz auf. Bei zu üppiger Fütterung verfetten sie jedoch schnell.

Zwerg-Paduaner

Die Erstzucht der Zwerg-Paduaner erfolgte um 1870 in England, indem die aus Italien stammenden Paduaner mit Sebrights und Bantams gekreuzt wurden. Im Unterschied zu den bis zu 900 g schweren Hähnen wiegend die Hennen nur 800 g. Pro Jahr werden bis zu 100 Eier gelegt, die zwischen 33–38 g wiegen.

Wie unschwer an dem dichten Federschopf zu erkennen ist, gehören die Zwerg-Paduaner in die Kategorie der Haubenhühner. Im Vergleich zu den Hennen, die oft eine vollrunde Haube aufweisen, sieht die der Hähne häufig nicht ganz so kugelig aus. Neben der Haube besitzen beide Geschlechter einen gut ausgeprägten Federbart. Damit dieses Ziergefieder beim Fressen und Trinken nicht verschmutzt/nass wird, ist es ratsam, spezielle Tränk- und Fressnäpfe anzuschaffen. Bei Regenwetter sollten diese Hühner im Stall oder in einer überdachten Voliere bleiben. Ein Kamm fehlt den Zwerg-Paduanern gänzlich und die Kehllappen sind sehr klein und werden von den Bartfedern komplett verdeckt.

Mitunter wirken die Zwerg-Paduaner etwas schreckhaft, was zumeist darauf zurückzuführen ist, dass die Haube ihr Gesichtsfeld ein wenig einschränkt. Ansonsten haben sie sich aber als sehr ruhige, leicht zu zähmende Tiere erwiesen.

Zwerg-Phönix

Zwerg-Phönixe entstanden Anfang des 20. Jahrhunderts, indem Phönixe sowie verschiedene Zwergrassen, inklusive Alt-Englische Zwergkämpfer gekreuzt wurden. Hähne wiegen 800 g und Hennen 700 g. Die Jahreslegeleistung beträgt bei guten Hennen 130–150 Eier, die jeweils 25–30 g wiegen.

Charakteristisch sind ein langer, schlanker, sehr elegant wirkender Rumpf sowie ein üppiges, fast schleppenartiges Schwanzgefieder, das ein wenig an das eines Pfaus erinnert. Zwerg-Phönixe haben einen großen gezackten Einzelkamm, mittellange Kehllappen und weiße Ohrscheiben. Als Farbschläge existieren Blau-Goldhalsig, Gesperbert, Goldhalsig, Orangehalsig, Schwarz, Silberhalsig, Weiß und Wildfarbig.

Obwohl „Kämpferblut“ in ihren Adern fließt, sind die neugierigen Zwerge nicht aggressiv, sondern werden schnell zutraulich.

Im Interesse der Erhaltung des üppigen Schwanzgefieders muss sowohl im Stall als auch im Auslauf peinlichste Sauberkeit herrschen. Die Sitzstangen sind so anzubringen, dass die Schwänze der darauf sitzenden Zwerg-Phönixe weder Kontakt zum Boden noch zu den Wänden haben. Eine Fütterung mit viel tierischem Eiweiß wirkt stimulierend auf das Wachstum des Schwanzgefieders.

Zwerg-Rhodeländer

Vermutlich sind die Zwerg-Rhodeländer Anfang des 20. Jahrhunderts etwa zeitgleich in Deutschland und England gezüchtet worden, indem man verschiedene Zwergrassen mit Rhodeländern kreuzte. Dabei blieben auch bei den Zwergen die beiden Farbschläge Weiß und Rot (ein Rotbraun, dass bei manchen Exemplaren in ein Dunkelbraun bis schwärzlich tendiert) erhalten. Die Hähne wiegen bis 1500 g während die Hennen 300 g leichter bleiben. Es sei besonders darauf hingewiesen, dass sich diese Zwerge auch während der Wintermonate als sehr zuverlässige Leger erwiesen haben. Manche Hennen erreichen dabei Jahresmengen von 160 und mehr Eiern, die zumeist 40–45 g wiegen.

Zwerg-Rhodeländer besitzen entweder einen gut gezackten Einzelkamm oder einen Rosenkamm und mittelgroße Kehllappen. Die Brust ist stark gewölbt und der Rückenbereich wirkt, wenn diese Zwerge entspannt stehen, fast waagerecht. Das Schwanzgefieder ist allerdings nicht besonders lang und auch kein solcher Hingucker, wie beispielsweise bei den Chabos.

Zwerg-Rhodeländer werden trotz ihres munteren Temperaments schnell zutraulich. Zudem haben sie sich als robust und zugleich sehr frohwüchsig und frühreif erwiesen.

Zwerg-Seidenhuhn

Das Zwerg-Seidenhuhn entstand in der Mitte des 20. Jahrhunderts als Miniaturausgabe des Seidenhuhns. Die Hähne werden bis zu 600 g schwer, während die Hühner durchschnittlich 100 g weniger wiegen. Pro Jahr legen die Hennen 80–100 Eier, von denen jedes etwa 30 g wiegt.

Aufgrund der fast plüschartig anmutenden Federstruktur wirkt der Körper der Zwerg-Seidenhühner deutlich größer als er eigentlich ist. Die Haut dieser Zwerge, deren Gefieder die Farben Blau, Gelb, Perlgrau, Rot, Schwarz, Silber-Wildfarbig, Weiß sowie Wildfarbig zeigen kann, ist bläulich-schwarz. Statt der üblichen 5 besitzen diese Tiere nur 4 Zehen.

Aufgrund ihrer Seidenfiedrigkeit können diese leicht zähmbaren und äußerst anhänglichen Hühner nicht fliegen. Sie haben ein ruhiges Wesen und sind sehr robust. Aufgrund ihres Gefieders, das ähnlich wie das von Küken, extrem schnell durchnässt, mögen Zwerg-Seidenhühner keinen Regen. Sie zeichnen sich durch hervorragende Muttereigenschaften aus und sind gute Ammenglucken. Ihr Bruttrieb ist derartig stark, dass sie sogar auf dem Nest sitzen bleiben, wenn man ihnen das Gelege wegnimmt.

Zwerg-Sussex

Die Bezeichnung dieser Zwerge, die vor über 100 Jahren entstanden, leitet sich von der englischen Grafschaft Sussex ab. Als züchterisches Ausgangsmaterial dienten (Groß-)Sussex, die zunächst mit deutschen Zwerghühnern verpaart wurden. Später kreuzte man noch Zwerg-Brahma und Zwerg-Orpingtons ein. Die Zwerg-Sussex-Hähne wiegen 1200 g und die Hennen 1000 g. Pro Henne können jährlich bis zu 130 Eier, mit Einzelgewichten von 40–45 g gelegt werden (auch im Winter sinkt die Legeleistung nicht extrem). Sie sind gute Glucken und führen ihre Küken zuverlässig.

Zwerg-Sussex haben einen sehr kompakten Körper sowie eine fast horizontal wirkende Rückenpartie. Der Einfachkamm ist gezackt und die Kinnlappen sind mittelgroß. Das Spektrum an Farbschlägen erstreckt sich von Weiß-Schwarzcolumbia, über Gelb-Schwarzcolumbia, Rot-Schwarzcolumbia, Wildbraun, Braun-Porzellanfarbig, Rot-Porzellanfarbig, Grausilber, Blau-Columbia bis hin zu reinem Weiß.

Zwerg-Sussex zeichnen sich durch eine hohe Robustheit aus. Sie haben ein ruhiges Wesen, lassen sich leicht zähmen und scharren häufig im Boden. Mitunter verhalten sie sich etwas futterneidisch. Bei ausreichend Platz vertragen sich aber auch mehrere Hähne untereinander recht gut.

Zwerg-Vorwerkhuhn

Beim Zwerg-Vorwerkhuhn handelt es sich um eine relativ junge deutsche Züchtung, die erst 1963 anerkannt wurde. Die Hähne werden 900 g und die Hennen 800 g schwer. Letztere können bis zu 140 Eier pro Jahr legen, deren Gewichte zwischen 35 und 40 g liegen.

Als züchterisches Ausgangsmaterial fungierten neben der Großrasse Zwerg-Orpingtons, Zwerg-Barnevelder und Deutsche Zwerghühner. In ihrem Erscheinungsbild gleichen die Vorwerk-Zwerge der Großrasse. Ihr Körper wirkt kräftig und etwas gestreckt.

Sie besitzen einen großflächigen gezackten Einzelkamm, mittelgroße Kehllappen und eine weiße Ohrscheibe. Bei dem Zwerg-Vorwerkhuhn existiert nur ein Farbschlag, welcher der Lakenfelder-Zeichnung ähnelt. Anstatt der weißen ist aber eine gelbe Grundfärbung vorhanden. Jedoch tritt diese Färbung erst nach der ersten Mauser in vollem Umfang zu Tage.

Die Vorwerk-Zwerge sind robust und untereinander sehr verträglich. Sie lassen sich aber nicht ganz so leicht zähmen, wie beispielsweise Chabos oder Federfüßige Zwerge. Außerdem haben sie sich als gute Flieger erwiesen.

Durch die Haltung von Vorwerk-Zwergen kann man einen aktiven Beitrag zur Erhaltung dieser in ihrem Bestand bedrohten Rasse leisten.

Zwerg-Wyandotte

Diese Hühner wurden in den USA gezüchtet, wobei sich die Bezeichnung „Wyandotte", von dem gleichnamigen, zu den Huronen gehörenden Indianerstamm ableitet. Die Hähne wiegen 1300 g und die Hennen 1100 g. Ihre Eier, von denen bis zu 150 pro Jahr gelegt werden, sind je etwa 40 g schwer. Die Hennen haben sich als sehr gute Brüterinnen erwiesen und führen ihre Küken äußerst zuverlässig.

Zwerg-Wyandotten zeichnen sich durch einen rundlichen Körperbau mit hochgetragenem Schwanz, einem Rosenkamm und langen Kehllappen aus. Sie gehören weltweit zu den beliebtesten Zwerghühnern, was sicherlich auch an ihrer großen Anspruchslosigkeit, Robustheit, Gutmütigkeit und leichten Zähmbarkeit liegt. Sogar die Hähne zeigen nur geringe Ansätze von aggressivem Verhalten. Hinzu kommt, dass Zwerg-Wyandotten nur wenig Interesse am Fliegen zeigen. Damit sind sie nicht nur ideale Anfänger-, sondern auch hervorragende „Familien-Hühner".

Bei den Zwerg-Wyandotten gibt es über 30 Farbschläge, die sich unter anderen von den Unifarben Weiß, Rot, Gelb, Blau und Schwarz über Gelb-Blaucolumbia, Gelb-Gesperbert, Braun-Gebändert, Silber-Schwarzgesäumt, Schwarz-Weißgescheckt bis zu Weiß-Schwarzcolumbia erstrecken.

Land & WERKEN UNSERE SELBSTVERSORGER-REIHE

120 Seiten, Broschur,
183 x 225 mm
ISBN 978-3-95843-477-6
€ 14,99

80 Seiten, Broschur,
183 x 225 mm
ISBN 978-3-95843-580-3
€ 9,99

120 Seiten, Broschur,
183 x 225 mm
ISBN 978-3-95843-950-4
€ 12,99

80 Seiten, Broschur,
183 x 225 mm
ISBN 978-3-95843-875-0
€ 9,99

80 Seiten, Broschur,
183 x 225 mm
ISBN 978-3-95843-179-9
€ 9,99

128 Seiten, Broschur,
183 x 225 mm
ISBN 978-3-95843-327-4
€ 14,99

128 Seiten, Broschur,
183 x 225 mm
ISBN 978-3-95843-579-7
€ 14,99

144 Seiten, Broschur,
183 x 255 mm
ISBN 978-3-95843-364-9
€ 16,99

Unser komplettes Programm erhalten Sie in jeder Buchhandlung und unter www.heel-verlag.de